Das Switcher-Prinzip

Robin Cornelius

Das Switcher-Prinzip

Warum uns weniger mehr bringt

Aufgezeichnet von Mathias Morgenthaler

WÖRTERSEH

Rückverfolgbarkeit dieses Buches:
www.respect-code.org / FAW 22

Lektorat: Jürg Fischer, Uster
Korrektorat: Andrea Leuthold, Zürich
Umschlaggestaltung: Thomas Jarzina, Holzkirchen
Fotos: Switcher SA
Layout, Satz und herstellerische Betreuung:
Manuel Süess, Zürich
Druck und Bindung: CPI – Ebner & Spiegel, Ulm

Print ISBN 978-3-03763-034-1
E-Book ISBN 978-3-03763-541-4

www.woerterseh.ch

Inhalt

Einleitung

»Wichtig ist nicht, was wir erreicht haben – entscheidend ist immer die nächste Viertelstunde.« Das war einer der Sätze von Robin Cornelius, an die ich mich erinnerte, als wir im KKL Luzern auf seine Ankunft warteten. Ich sollte eine Podiumsdiskussion moderieren mit drei Unternehmern. Auch an diesem Samstagmorgen im März 2011 war die nächste Viertelstunde entscheidend, denn alle Referenten, Podiumsteilnehmer und Gäste waren da, nur von Robin weit und breit keine Spur. Es entwickelte sich der gewohnte Business-Small-Talk, Männer und Frauen in Anzügen, alle mit Namensschildern am Revers säuberlich beschriftet, alle freundlich und ziemlich steif.

Ich versuchte mich zu erinnern, was Robin vier Jahre zuvor im Telefoninterview sonst noch gesagt hatte. Dass Switcher trotz fast dreißigjähriger Firmengeschichte für ihn keine Routineangelegenheit geworden sei; dass es mehr ein Ethik- als ein Textilunternehmen sei und er daher keine Kunden suche, sondern Fans; dass er fünfmal von der Schule geflogen sei; dass er als Unternehmer täglich Angst spüre, die Neugier und die Lust, etwas Neues zu schaffen, aber größer seien als diese Angst. Dann klingelte mein Mobiltelefon, Robin meldete sich aus Lissabon und ließ mich wissen, er freue sich auf den gemeinsamen Anlass in einer Woche. Als ich noch überlegte, wie ich dem Veranstalter die schlechte Nachricht überbringen sollte, schritt ein Mann in Wildlederjacke, Pullover und Jeans auf uns zu, einen Trolleykoffer im Schlepptau und ein breites Grinsen im Gesicht.

Zwei Minuten später waren alle in unserer Gruppe per Du, es wurde gelacht statt Networking betrieben. Ich wurde zum ersten Mal Zeuge des Robin-Effekts, dieser Mischung aus Irritation, Erleichterung und Herzlichkeit, die Robin auslöst, wo immer er hinkommt. Schön war das bei Antoinette Hunziker-Ebneter zu beobachten, der ehemaligen Börsenchefin, die nicht für überbordende Extrovertiertheit bekannt ist. Ich weiß nicht mehr, ob er sie umarmt oder nur geduzt und wie eine alte Bekannte begrüßt hat bei dieser ersten Begegnung, jedenfalls bat sie ihn am Ende der Veranstaltung um ein Autogramm für ihren Sohn.

Bei der Podiumsdiskussion machte ich den Fehler, die erste Frage an Robin zu richten – wohl aus Dankbarkeit, dass er doch noch erschienen war. Es verstrichen dann zwei Drittel der eingeplanten Zeit, ohne dass ich wieder zu Wort gekommen wäre. Robin war aufgewühlt, weil sein Versuch, bei Switcher einen Nachfolger für die operative Führung einzusetzen, gescheitert war. Weil alle Anwesenden – inklusive der beiden anderen Podiumsteilnehmer – gebannt zuhörten, ließ ich ihn reden und begriff nebenbei, wie er das damals gemeint hatte mit der nächsten Viertelstunde, auf die es ankomme:

Er hatte schlicht keine Lust, die Switcher-Erfolgsgeschichte zu erzählen und über Nachhaltigkeit und Rückverfolgbarkeit zu reden, wenn ihn etwas ganz anderes beschäftigte. Ich hielt die Kärtchen mit den drei Dutzend vorbereiteten Fragen in den verschwitzten Händen und verstand allmählich, dass es keine Katastrophe, sondern ein Glücksfall war, wie hier nichts nach Drehbuch verlief.

Ein paar Wochen später führten wir ein zweites Interview, wieder telefonisch; diesmal war er wirklich auf dem Flughafen in Lissabon, und weil es erneut dauerte, bis ich wenigstens ein paar meiner Fragen stellen konnte, verabredeten wir uns für eine Fortsetzung des Gesprächs nach seiner Landung in Genf. Kurz vor Mitternacht waren wir durch, das Interview erschien in der folgenden Woche unter dem Titel »Der Kopf ist das schlimmste Organ des menschlichen Körpers« im »Bund«, im »Tages-Anzeiger« und in drei anderen Zeitungen – ein Plädoyer für kindliche Neugier, Empathie, Intuition und Spontaneität.

Robin erhielt in den Tagen darauf Hunderte von Zuschriften – und er hatte ein Problem: Es trafen unzählige Bestellungen für sein Buch ein, das er im Interview nebenbei erwähnt hatte. Aufgeregt rief er mich an und sagte: »Écoute, wir müssen dieses Buch jetzt schreiben, sofort.« Auch das ist typisch für Robin: Wenn er überzeugt ist von der Notwendigkeit einer Sache, dann gibt es diese Sache schon in seinen Augen – ungeachtet aller eventuellen Zweifel und Schwierigkeiten. Für die wirkliche Realisierung würden sich dann schon Wege finden lassen. So war es auch gewesen, als Robin der Dorfbevölkerung am Standort seines indischen Partnerbetriebs den Bau von Schulen und Trinkwasseraufbereitungsanlagen versprochen hatte, ohne zu wissen, wie genau das zu bewerkstelligen war.

Was das Buch betraf, so stellte sich heraus, dass er eine deutsche, eine französische und eine englische Version herausbringen wollte, plus eventuell eine Variante in der Sprache »Robinan«, wie er es nannte, also »so, wie ich rede: sehr enthusiastisch, sehr spontan und voller Fehler«. Und eigentlich gern noch ein »Morpho-Book«, eine Online-Version, welche die Leserinnen und Leser laufend weiterentwickeln könnten. Dies alles hätte in drei Monaten vorliegen sollen, weil die große Party zum Dreißig-Jahre-Jubiläum von Switcher bevorstand und Robin allen Gästen ein Buch schenken wollte.

Wir einigten uns schließlich darauf, fürs Jubiläumsfest einen kurzen Text übers Unternehmertum in drei Sprachen zu produzieren, den Robin kühn als »Vorabdruck eines demnächst erscheinenden Buches« deklarierte.

Es dauerte dann nochmals fast zwei Jahre, bis das Buch geschrieben war, das Sie hier in den Händen halten. Robin wollte sich keinesfalls beschränken, nicht auf ein Firmenporträt, nicht auf eine Biografie oder ein Führungsbrevier, sondern das Buch sollte vom ganzen Leben handeln, von allem, was ihm am Herzen lag. Erschwerend kam hinzu, dass es schon ein vierzigseitiges Dokument gab, etwas zwischen

Tagebuch, Dichtung, Erfahrungsbericht, Appell und Psychoanalyse – jedenfalls nichts, was man in dieser Form hätte veröffentlichen können. Wir entschlossen uns, zehn wichtige Themen in Interviewform zu vertiefen, denn Robin funktioniert am besten im Gespräch. Er denkt so wild, so schnell und leidenschaftlich, dass er seine Gedanken unmöglich selber zu Papier bringen kann – dieses Unterfangen misslingt schon in kurzen Mails.

Klar war allerdings auch, dass seine Gedanken kaum zu bändigen waren, da half kein Inhaltsverzeichnis, keine Planung, keine exakte Abmachung am Vortag, worüber wir diesmal reden wollten. Niemand wusste, wo Robin einen Tag, ja eine Viertelstunde später sein würde mit seinen Gedanken und Emotionen, am wenigsten er selber. Dazu kam das Sprachengemisch: vierzig Seiten Ausgangsmaterial in Französisch, parallel dazu Arbeiten an einer englischen E-Book-Version für den amerikanischen Markt, die Gespräche mal in Deutsch, mal in Französisch ... Bald gingen ein Dutzend Manuskript-Versionen hin und her, die sich auf Robins MacBook noch wundersam vermehrten und vermischten.

Es gäbe also bestimmt einfachere Aufträge, als mit Robin Cornelius ein Buch zu schreiben. Aber wer sucht das Einfache, wenn das Schwierige so schöne Umwege mit sich bringt? Ich habe in den zwei Jahren immer wieder gestaunt über Robins Gabe, mit seinen Anliegen nicht nur den Kopf, sondern vor allem das Herz des Gegenübers zu erreichen.

13

Gäbe es einen Wettbewerb, wer in einem vollen Parkhaus oder einem ausgebuchten Restaurant noch einen Platz bekommt, stünde Robin im Voraus als Sieger fest. Er punktet nicht mit Autorität, sondern mit Humor, Großzügigkeit und Einfallsreichtum. Manchmal wird es einem leicht peinlich, wenn man mit ihm unterwegs ist und er ein Restaurant oder ein Hotel in seine Bühne verwandelt. Dann erkennt man in ihm den Jungen, der mehrmals von der Schule flog und seine Lehrer zum Verzweifeln brachte mit seinen vielen Fragen und seinem überbordenden Temperament. Er sei halt ein wenig hyperaktiv, sagt er selber, wenn wieder einmal die Pferde mit ihm durchgegangen sind. Und er mag keine starren Strukturen und keine Förmlichkeit.

So gern Robin den Entertainer gibt, so ist er doch kein Selbstdarsteller, der vor Eitelkeit die anderen übersieht. Wenn ihn vor dem Switcher-Firmensitz in Le Mont-sur-Lausanne der Hauswart darauf anspricht, dass eine ausgeliehene Leiter noch immer nicht zurückgebracht worden sei, kümmert sich der Chef persönlich darum. Und wenn er im Switcher-Shop im Loeb in Bern mit der Verkäuferin spricht, hört er ihr erst einmal lange zu, um mehr über die Kunden zu erfahren, bevor er ein paar Verbesserungsvorschläge macht.

Robin kennt weder Arroganz noch Unterwürfigkeit, er bleibt sich treu, ob er nun mit einem Hauswart oder einer Bundesrätin spricht. Eine seiner größten Stärken ist es, Menschen zusammenzubringen und sie nach ihrem Potenzial statt nach ihrem Leistungsausweis zu beurteilen. Mehrmals habe ich erlebt, dass er beim Mittagessen in einer größeren Gruppe Personen dazu gedrängt hat, Telefonnummern auszutauschen – weil er überzeugt war, dass die Betreffenden zusammen ein tolles Projekt realisieren könnten. Beinahe unheimlich ist, mit wie viel Energie Robin zu Werke geht. Manchmal hatte ich den Eindruck, er sei rund um die Uhr aktiv, getrieben von immer neuen Ideen. Ganz egal, ob er in der Nacht aus Indien oder Portugal zurückgekehrt ist, ob in der Firma und im Privatleben gerade kein Stein auf dem anderen bleibt – Robin legt eine Schaffenskraft an den Tag, an der man sich besser nicht misst. Regelmäßig kam es in den letzten zwei Jahren vor, dass er mich zwischen 22 Uhr und Mitternacht anrief, zunächst über den Text redete und dann bald aufs Unternehmen zu sprechen kam: was er alles umkrempeln, was er Neues lancieren wollte. »Je vais tout changer«, sagte er mehrmals voller Aufregung – und es war mir nicht ganz klar, ob er sich mehr darüber ärgerte oder sich darauf freute.

Man könnte viel darüber sagen, in welchen Schlüsselthemen Robin eine Pionierrolle eingenommen hat: bei der nachhaltigen Produktion, der Rückverfolgbarkeit, der Transparenz ganz generell und dem, was Firmen heute Corporate Social Responsability nennen. Robin Cornelius mit Switcher war hier der Zeit voraus, was ihn zu einem gefragten Gesprächspartner von Konzernmanagern, Non-Profit-Organisationen und Politikerinnen macht.

Doch Robin hat es trotz seiner großen Erfahrung nie darauf angelegt, ein Experte zu werden. »Etwas zu wissen, mag angenehm sein, aber daraus entsteht keine Kraft« – diese Antwort aus dem oben erwähnten Interview bringt seine Haltung auf den Punkt. Sein Antrieb ist die Neugier und das Bestreben, im Team etwas zu erreichen. Er ist mit Sicherheit nicht immer ein angenehmer Chef, schon nur deshalb nicht, weil er enorm schnell ist und daher leicht ungeduldig wird.

Aber im Gegensatz zu anderen prominenten Unternehmern, die immer »auf Sendung« sind und das Zuhören verlernt haben, funktioniert Robin stark über den Dialog und über Beziehungen. Und er hat sich eine wunderbar kindliche Haltung bewahrt. Wenn man ihn in den Wochen vor dem Dreißig-Jahre-Jubiläum auf das bevorstehende Fest ansprach, redete er nicht von den prominenten Gästen oder den vielen Medienberichten, sondern nur von einem: dem riesigen luftgefüllten Gummikissen, das er organisiert hatte, damit Mitarbeiter und Gäste vom Dach des Switcher-Gebäudes acht Meter in die Tiefe springen und unten weich landen konnten. Dank diesem »jump into durability« konnten an diesem Tag alle erahnen, was es heißt, wie Robin als Unternehmer immer wieder den Sprung ins Ungewisse zu wagen.

Mathias Morgenthaler

Prolog

Robin, warum braucht es dieses Buch?

Warum? Was für eine seltsame Frage. Ich habe in den letzten dreißig Jahren nie nach dem Warum gefragt, wenn ich gespürt habe, dass ich etwas machen muss. Ich bin jetzt 56 Jahre alt und kann nicht mehr so tun, als dauerte das Leben ewig. Bei mir bricht der Lebensabend an. Deshalb wird es für mich immer wichtiger, Lebenserfahrung zu teilen.

Schreiben gegen die Einsamkeit?

Nein, aber ich möchte ein Maximum von Menschen zum Nachdenken bringen. Wir tun nicht nur so, als wären wir selber unsterblich, sondern wir verhalten uns auch so, als gäbe es endlos Ressourcen auf dieser Welt. Es ist jetzt zwanzig Jahre her, seit in Rio de Janeiro an der Konferenz für Umwelt und Entwicklung 172 Staaten und viele NGOs die Agenda 21 beschlossen haben. Was hat sich seither geändert? Es sind die Experten in Politik und Wirtschaft, die sich um nachhaltige Entwicklung kümmern. Ich möchte aber, dass jede und jeder über das Kaufverhalten nachdenkt und Position bezieht.

Sollen wir bei jedem Produkt, das wir kaufen, mitbedenken, ob das der Erde schadet?

Wir wissen heute so wahnsinnig viel – wir wissen ein bisschen Bescheid über alles, aber die wirklich wichtigen Informationen haben wir nicht oder wollen wir uns nicht holen. Ich will ein Übersetzer sein zwischen den Spezialisten und allen anderen Menschen. Es gibt Dinge, die können wir nicht einfach ignorieren: den CO_2-Verbrauch, den ökologischen Fußabdruck, die Produktionsbedingungen in der Wirtschaft. Als Gründer und Präsident eines Textilunternehmens musste ich mich früh mit solchen Fragen beschäftigen. Die Transparenz und Rückverfolgbarkeit, die wir bei Switcher seit Jahren haben, wünschte ich mir in der ganzen Branche, ja in allen Branchen. Jeder Kunde soll sofort sehen können, wo ein Produkt unter welchen Umständen hergestellt worden ist. Dann kann er einen bewussten Kaufentscheid fällen.

Du denkst, wir kaufen Dinge, um die Welt zu verbessern?

Nein, aber ich bin mir sicher, dass gewisse Produkte nicht mehr gekauft würden, wenn den Leuten klar wäre, wie sie entstanden sind – das gilt nicht nur für Lasagne mit nicht deklariertem Pferdefleisch, sondern auch für Kleider, Spielzeug, Sportgeräte und viele andere Produkte. Und wenn wir ein bisschen mehr über die Herausforderungen auf dieser Welt nachdenken und uns sinnvoll engagieren würden, müssten wir generell weniger kaufen. Oft ist der Konsum eine Art Selbst-vergewisserung. Man kauft etwas, um die Langeweile zu vertreiben und nicht nachdenken zu müssen. Es wäre viel gewonnen, wenn wir weniger und sinnvoller konsumieren würden. Das geht nur, wenn wir ein wenig von unserer Geld- und Objektfokussierung wegkommen.

Was meinst du damit?

Wir messen sogar den Wert einer Person am Geld, das diese verdient. Man sieht das immer wieder, wenn ein Verwaltungsrat eines größeren Unternehmens einen neuen CEO sucht. Oft nehmen die Auswahlgremien nicht den Fähigsten, sondern den, der die unverschämteste Lohnforderung stellt. Sie denken: Der muss gut sein, wenn er so viel verlangt. Und die Vertreter von Non-Profit-Organisationen werden schon deshalb kaum in Verwaltungsräte geholt und in Diskussionen wenig beachtet, weil sie finanziell nicht in der gleichen Liga spielen. Einem Anwalt zahlt eine Firma ohne zu zögern 500 oder 1000 Franken in der Stunde, wenn sie ihn dringend braucht, ein NGO-Vertreter muss hingegen schon dankbar sein, wenn er das Bus-Ticket zurückerstattet bekommt. Würde man ihm ein Anwaltshonorar zahlen, würde er besser gehört.

Gibt es keinen anderen Weg als jenen, dies über die Bezahlung zu steuern?

Doch, ich denke schon. Heute schon werden Menschen aus-
gezeichnet, die sich sozial oder ökologisch überdurchschnittlich engagieren. Das sind aber Einzelfälle, dominierend bleiben vorderhand Geld und Status, so wie bei Produkten der
Preis derzeit noch das stärkste Kaufargument ist. Ich stelle mir
vor, dass in ein paar Generationen die Menschen farbige
Knöpfe an ihrem Hemd oder ihrer Jacke tragen. Grün würde
bedeuten: Diese Person hat sich stark für die Umwelt eingesetzt. Rot zum Beispiel: Der hat jemanden vor dem Feuer
gerettet. Gelb: Dieser Mensch hat sich stark in der Erziehung
engagiert. Blau vielleicht: Dieser Mensch ist immer für seine
wichtigsten Freunde da. Stell dir vor: Wer 500 Millionen
Umsatz macht und 5 Millionen verdient, aber keinen farbigen
Knopf am Hemd hat, würde plötzlich ziemlich alt aussehen.

1 Die Mission des Unternehmers
oder
Warum Manager selten Innovationen schaffen

»Es kommt auf die richtige Mischung an.
Man nehme: eine Prise Hyperaktivität, einen Schuss
Narzissmus, schließlich einen Spritzer Neurose.«

Ich werde oft gefragt, wie ich Unternehmer geworden bin. Der Einstieg vor gut dreißig Jahren war banal. Ich brauchte Geld, um mein Studium zu finanzieren. Als Taxifahrer verdiente ich neun Franken in der Stunde, da kommt man nicht weit. Dann sah ich am TV einen Beitrag über den damaligen US-Präsidenten Jimmy Carter, der in völlig unüblicher Kleidung joggen ging; neben ihm die Bodyguards im Anzug. Das brachte mich auf die Idee, bequeme Sport- und Freizeitkleidung zu verkaufen.

Natürlich ging es mir nicht nur um Geld. Ich hatte auch das Bedürfnis, unabhängig zu sein, mich nicht unterordnen zu müssen. Ich konnte mir einfach nicht vorstellen, in ein großes Unternehmen zu gehen, wo mir jemand vorschreibt, was ich zu tun und zu denken habe.

Als Jugendlicher war ich fünfmal durchgefallen in der Schule, und auch im Internat war ich sehr widerspenstig. Ich fühlte mich meistens missverstanden in der Schulzeit. Ich wollte andere Wege ausprobieren, die Modelle verändern, manche Dinge auf den Kopf stellen. Erwartet wurde, dass ich mich anpasse und es genauso mache wie alle anderen Kinder auch. Das konnte ich nicht, damals nicht und später auch nicht.

Deshalb gab es gar keine Alternative: Ich musste etwas Eigenes aufbauen. In gewisser Weise war der Unternehmer in mir also schon immer angelegt; freilich habe ich erst durch die Praxis gelernt, was es bedeutet, Unternehmer zu sein.

Ich hatte keinen Businessplan für Switcher, aber schon nach einigen Jahren dachte ich: »Es ist verrückt, die Menschen sind so unterschiedlich, aber sie unterwerfen sich alle paar Monate einem neuen Modediktat.« Meine erste Regel lautete deshalb: Switcher lanciert nicht jede Saison einen neuen Modetrend, sondern bietet dauerhaft die ganze Farbpalette an. Jeder soll seine Farbe wählen können. Die zweite Maxime war die, unverwüstliche Produkte herzustellen. Keine Wegwerfgegenstände, sondern treue Begleiter.

Abgesehen von diesen wenigen Grundsatzentscheiden habe ich mich treiben lassen und bin nach dem Prinzip verfahren: »Zuerst tun, dann denken.« Wenn ich in mir den Impuls spürte, etwas zu tun, dann dachte ich nicht lange über die Konsequenzen nach, sondern sprang ins Wasser – das ist der beste Weg, schwimmen zu lernen. Die meisten Menschen denken zu viel. Sie scheuen das Risiko und wägen ab, bis sie ganz müde sind vom ängstlichen Denken.

Der Unternehmer symbolisiert das Erneuerungspotenzial unserer Gesellschaft. Er weigert sich, die Vorherrschaft der Wirtschaft über die Politik und der Sonderinteressen Einzelner über das Gemeinwohl anzuerkennen. Deswegen ist er ein Hoffnungsträger für alle, die sich mehr Menschlichkeit und Verantwortungsgefühl wünschen.

Ob jemand Unternehmer ist, hängt nicht von seiner Ausbildung ab, sondern von seiner Einstellung, seiner Denkweise und seinem Temperament. Es kommt auf die richtige Mischung an. Man nehme: eine Prise Hyperaktivität, einen Schuss Narzissmus, schließlich einen Spritzer Neurose. Das Ganze mit einer Menge Empathie und Neugier bestreuen, eine Messerspitze Stolz beifügen und die Mischung mit Ungeduld kräftig umrühren … Schon ist alles zubereitet.

Als Unternehmer agiere ich – wie alle Kreativen – vornehmlich aus der Welt der rechten Gehirnhälfte heraus. Ich arbeite mit Menschen zusammen, die ihre stark ausgeprägte linke Hirnhälfte einsetzen, um einen reibungslosen Geschäftsverlauf zu ermöglichen. Sie sind so unentbehrlich wie die einzelnen Teilchen im Räderwerk einer mechanischen Uhr. Der Unternehmer ist dem Künstler insofern verwandt, als er seinen Beruf weniger aus Lust denn aus Notwendigkeit ausübt – immer auf der Suche nach dem fragilen Gleichgewicht im Strudel der vorwärtsdrängenden Kräfte.

Während die analytisch Denkenden meistens Gewissheit und bekanntes Terrain suchen, bevorzugt der kreative Unternehmer stets den neuen, verheißungsvollen Weg. Dies prägt auch sein Verständnis von Geld, zu dem der Unternehmer eine besondere Beziehung hat. Er sieht es als Öl, das den Motor seiner Ambitionen am Laufen hält und seine Projekte Gestalt annehmen lässt – wohl wissend, dass dieses Öl nicht trinkbar ist; es kann beides sein: lebensnotwendig und zerstörerisch. Für den Unternehmer ist Geld zunächst die Grundlage für eine gewisse Unabhängigkeit.

Geld bestimmt, wie jeder Käfig, den Radius unserer materiellen Freiheit – jedem steht es frei, seinen eigenen Käfig zu bauen. Glücklich kann sich jener schätzen, der versteht, dass auch der größte Käfig keine wirkliche Freiheit schenkt. Gehört es nicht zum Wesen der Freiheit, dass sie ebenso grenzenlos ist, wie Liebe und Leidenschaft es sein können?

Der Unternehmer lebt im Dilemma: Er möchte keinen Käfig, keine Grenzen, absolute Freiheit. Aber er braucht Geld, um seine Ambitionen verfolgen zu können.

Denken wir einen Moment über diese verdammten Käfige nach, in denen wir uns alle bewegen. Für mich ist klar: Wahre Freiheit finden wir nicht in unserem Käfig, sie ist keine Frage des Geldes. Eher gewinnen wir sie durch Leidenschaft, durch die Kraft einer starken Idee.

Der Unternehmer ist – bei all seinen Begrenzungen – ein freier, leidenschaftlicher Denker, der die Macht hat, andere zu überzeugen. Er steigt auf wie ein Adler, während weiter unten die anderen Raubvögel sich gierig auf ihre Beute stürzen; fliegt hinweg über unsere Käfige und eröffnet uns immer wieder neue Horizonte.

Der Unternehmer muss etwas schaffen, um sich selber zu verwirklichen. Er ist abhängig vom Zuspruch der anderen. Spürte er nicht diesen Drang, etwas aufzubauen und damit erfolgreich zu sein, würde er niemals abheben. In der Luft hält ihn seine Leidenschaft, sie ist sein Motor für den weiten Flug. Hat der Unternehmer erst einmal seine Flughöhe erreicht und seine Vision vor Augen, kennt er keine Grenzen … solange ihn kein Zweifel bremst und hinabzieht.

Jeder kann sich Unternehmer nennen. Entscheidend ist aber nicht das Selbstbild, sondern die Bestätigung durch die anderen, durch das Leben, durch die Resultate. Man ist Unternehmer oder ist es nicht – manchmal wird es jemand im Verlauf des Lebens, wenn er sich ganz seinen uneingestandenen Leidenschaften verschreibt. Wenn jemand die Rolle des Unternehmers für sich beansprucht, ohne über die erforderlichen Talente zu verfügen, kann das verheerende Folgen haben. Ich lege großen Wert auf die Verantwortung des Unternehmers. Sie zu erkennen und wahrzunehmen, gibt meinem Leben Sinn, es ist der Weg, den ich eingeschlagen habe. Die Lust, etwas zu werden, Neues zu entwickeln, muss stärker sein als die Angst, nicht gut genug zu sein.

Als Unternehmer muss man die Richtung und den Rhythmus vorgeben können. Eine Botschaft ist nutzlos, wenn sie nicht verstanden wird. Eine Vision muss klar vermittelt und auf den Alltag hinuntergebrochen werden – dazu gehört auch, in Belangen, die wichtig sind, keine Kompromisse zuzulassen.

Ein Adler, der im Ölteppich oder im Käfig festsitzt, ist verloren. Die anspruchsvolle Aufgabe besteht darin, sich der materiellen Welt zu bedienen, um mehr verwirklichen zu können – sich aber nicht zu sehr an sie zu binden, nicht von ihr abhängig zu werden. Vergessen wir nicht, immer wieder aufzusteigen aus unserem Käfig!

Im 21. Jahrhundert zeigen sich mehr und mehr die Grenzen unserer materiellen Welt. Die Welt erscheint als Vulkan, der seinen Lavastrom voller Objekte und sozialer Unterschiede ausspeit und unsere Träume von einer gerechteren Welt unter sich begräbt.

Wenn ein Unternehmer sich in ein Projekt stürzt, muss er lernen, seine Einsamkeit zu ertragen. Durch seine Träume, seine Ansprüche und sein ruheloses Wesen ist er oft genug eine Zumutung für seine Umgebung – er weiß das und nimmt es in Kauf. Leben ist für ihn eine permanente Herausforderung und Überlebensübung.

Der Unternehmer drängt unablässig vorwärts; dabei muss er gleichzeitig scheinbar unvereinbaren Anforderungen genügen. Er braucht überdurchschnittlich viel Energie und mehr Selbstdisziplin, als ihm eigentlich eigen ist. Und er muss darauf achten, sein inneres Kind zu schützen – diese Stimme tief in seinem Innern, die ihm früh geraten hat, sich von allen einengenden Autoritäten fernzuhalten. Ebenso sehr muss er darauf achten, sich nicht vom Durst nach Anerkennung verführen zu lassen und dem Neid, den sein Verhalten in seiner Umgebung provozieren kann, nicht zu viel Bedeutung beizumessen. Er darf sodann nicht der Versuchung erliegen, all jene Dinge selber zu tun, die andere genauso gut tun können. Besser ist es, zu delegieren und immer wieder auf Distanz zu Dingen und Menschen zu gehen, um sie klarer zu sehen. Er darf sich nicht zu sehr vereinnahmen lassen.

Persönlich habe ich versucht, die Einsamkeit, die aus dieser Sonderrolle erwächst, durch innige zwischenmenschliche Beziehungen zu kompensieren. Es ist für den Unternehmer entscheidend, einen inneren Frieden zu finden, der ihn mit Bescheidenheit seine Aufgabe als Katalysator im Dienst der Gesellschaft wahrnehmen lässt.

Denn Wachsen bedeutet, andere wachsen zu lassen!

Der Zweifel spielt bei all dem eine Schlüsselrolle. Ein Unternehmer ohne Zweifel verliert die Wachsamkeit und übersieht die Mauer, auf die er zurennt. Zu viele Zweifel aber würden ihn davon abhalten, in schwierigen Situationen wieder aufzustehen und neue Wege zu gehen. Ein gesundes Maß an Zweifeln hält uns lebendig und verhindert, dass wir uns behaglich in der Komfortzone einrichten. So ermöglicht der Zweifel, ähnlich wie die bewältigte Angst, eine ständige Infragestellung, eine produktive Unruhe, die wir als Vorstufe der Weisheit begreifen können.

Letztlich entscheiden nicht nur Talente, Fleiß und Glück über Erfolg und Misserfolg, sondern auch der unbedingte Wille, an sich zu glauben, seinem Instinkt treu zu bleiben, seiner Intuition zu folgen. An den Erfolg zu glauben, bedeutet, ebenso an die anderen zu glauben wie an sich selber. Diese Haltung beflügelt uns!

An starken Symbolfiguren mangelt es nicht: Bill Gates, Chefstratege von Microsoft, Steve Jobs, charismatischer Schöpfer von Apple, oder Gottlieb Duttweiler, visionärer Gründer des Migros-Genossenschaftsbunds – jeder kann sich sein Vorbild aussuchen.

Was also ist die Mission des Unternehmers?

Vielleicht die, keine zu haben; nur sich selber zu sein mit all seinen Ängsten und Überzeugungen, etwas zu verwirklichen, mit Passion bis zum letzten Atemzug!

Natürlich braucht ein Unternehmen wie Switcher auch Strukturen. Zum Glück gab es von Anfang an Leute, die es ausgehalten haben, mit mir zu arbeiten. Sie brachten Ordnung in mein Chaos, tun das heute noch. Erst wenn beide Polaritäten zusammenwirken, kann etwas Großes entstehen. Es braucht den Verrückten, der Feuer und Flamme ist für etwas, und genauso sehr braucht es den nüchternen Analytiker, der systematisch vorgeht.

Eine der schwierigsten Aufgaben für einen Unternehmer ist, seinen Mitarbeitern Freiräume zuzugestehen, sie wachsen zu lassen, statt sie klein zu halten. Wie viele Karrieren habe ich behindert statt gefördert, indem ich sagte:»Ich kümmere mich darum.« Oder:»Mach das lieber so.« Es braucht Geduld und Reife, Aufgaben zu delegieren und den Mitarbeitern so viel Raum zu lassen, dass sie eigene Lösungen entwickeln können. Man muss extrem aufpassen, dass man sich nicht insgeheim für unersetzbar hält als Patron.

Ich habe mich vor einigen Jahren aus dem operativen Geschäft zurückgezogen. Seither kümmere ich mich hauptsächlich um strategische Aufgaben. Im Alltagsgeschäft dient das Leitbild als Orientierung. Es ist mir wichtig, dass die Grundgedanken erhalten bleiben, unabhängig davon, wer das Unternehmen führt. Das sind wir auch all unseren Kunden schuldig, die sich mit unseren Werten identifizieren. Switcher ist nicht einfach eine Marke; Switcher ist ein Versprechen, das immer wieder bekräftigt werden soll.

Erst durch den Dialog mit den Kunden erhält unser Unternehmen seinen Wert. Ich schöpfe Kraft aus dem Austausch mit anderen Menschen, das ist mein stärkster Motor. Und natürlich gibt es Energie, etwas zu tun, was andere lieben. Die schlimmste Vorstellung für mich ist, einsam in einem goldenen Käfig zu leben, ohne Ideen und Projekte, bestimmt einzig von Routine und Repetition. Ich leiste mir den Luxus, auch mit 56 Jahren kein Experte zu sein, sondern mit kindlicher Neugier durch das Leben zu gehen. Etwas zu wissen oder zu beherrschen, mag angenehm sein, aber daraus entsteht keine Kraft. Ich sehe das Leben als wunderbares Abenteuer und als Einladung zum Tanz.

2 Die Idee als Glücksmolekül
oder
Warum wir Kreativität nicht beherrschen können

»Kreativität ist eine chaotische, manchmal auch destruktive Kraft, sie lässt sich weder befehlen noch monopolisieren.«

Es gab eine Zeit, da fühlte ich mich wie ein einsamer Rufer in der Wüste. Immer wieder schrie ich:»Rückverfolgbarkeit! Transparenz! Respect-Code!« Es kam keine Antwort zurück, höchstens das verzerrte Echo meiner eigenen Stimme.

Kreativität ist nie absolut. Es gibt keine guten Ideen, es gibt nur gute Ideen zum richtigen Zeitpunkt. Manchmal genügt es, sich etwas auszudenken, und dann verbreitet es sich – über die Kanäle des kollektiven Unbewussten – fast von allein und schafft in angepasster Form den Durchbruch.

Modedesigner sind wie viele andere Menschen Geheimniskrämer. Sie fürchten sich immer davor, dass ein anderer ihnen etwas klaut, es kopiert, imitiert oder rascher popularisiert; dass ein anderer den Markt erobert mit ihrer Idee, noch bevor diese richtig Gestalt angenommen hat. Ich habe diese Angst nie sehr ausgeprägt gehabt und habe sie über die Jahre ganz verloren. Mir wurde klar, dass meine Ideen nicht auf Dingen beruhten, die ein anderer kopieren konnte. Sie entstammten einer tieferen Quelle, entsprangen persönlicher Erfahrung und Betroffenheit.

Wie viele andere in der Flower-Power-Zeit Großgewordenen wollte ich in jungen Jahren die Welt verändern. Seither habe ich diesen Wunsch oft bei anderen beobachtet, vor allem bei jungen Menschen, die ähnlich denken und fühlen wie ich zu Beginn meiner Laufbahn. Der Wunsch ist insgesamt dringlicher geworden, es sind nicht mehr einfach einsame Rufer in der Wüste, die sich um den Zustand und die Zukunft unseres Planeten sorgen, sondern die Stimmen, die auf die Missstände und Gefahren aufmerksam machen, werden zahlreicher und lauter. Wie kommt es, dass diese Stimmen lauter geworden sind, dass mehr Menschen die feste Absicht haben, die Welt zu verändern? Ist es einfach Unzufriedenheit und Angst, die sich da äußert, oder eher die Sehnsucht, einengende Grenzen zu sprengen? Ich glaube, es hat mit etwas viel Grundlegenderem zu tun: mit dem tief verankerten Antrieb, schöpferisch zu sein, aus seinem Instinkt heraus etwas zu schaffen.

Es ist viel über Kreativität geforscht worden in den letzten Jahrzehnten, aber selten war dabei vom Instinkt die Rede – dabei waren es seine Instinkte, die den Menschen durch die Evolution in die Gegenwart getragen haben. Sicherlich: Der Homo sapiens gilt als allen Gattungen überlegen aufgrund seines größeren und besseren Gehirns, das ihn zu den erstaunlichsten Erfindungen befähigt. Aber ist er wirklich kreativer, erfinderischer als sein guter alter Vorgänger, der Neandertaler, der unter Bedingungen überlebt hat, die sich der moderne Mensch gar nicht mehr vorstellen kann?

Oder durchlaufen wir derzeit einen Zyklus, wie ihn die Menschheit in ähnlicher Form schon mehrfach erlebt hat? Mit den Phasen Zerstörung, Wiedergeburt und Erneuerung? Wenn dem so ist, sind wir aufgerufen, nicht nur »sapiens« zu sein, nicht nur auf unseren Intellekt abzustützen, sondern auch unseren Instinkt, unseren unbewussten Antrieb, kreativ zu sein, zu mobilisieren.

Wir können uns natürlich auch einfach den immer widrigeren Bedingungen anpassen wie Reptilien, was zu einem langen, schmerzhaften Abstieg führen würde. Reizvoller wäre es, etwas Neues anzupeilen, eine höhere Stufe, die uns neue Perspektiven gibt, kurz: uns auf unsere Genialität zu besinnen, die uns selber ein Rätsel bleiben muss, weil sich jede Kreativität dem Zugriff des Bewusstseins, der Beherrschung entzieht. Kreativität ereignet sich, sie passiert uns – sie ist, im frühesten Stadium, ein magischer Prozess.

Oft wird sie durch ein Detail ausgelöst, dem wir keine Bedeutung zuschreiben, durch eine Beobachtung, einen Zufall. Manchmal ist in diesem Detail schon das ganz Große angelegt, es hat es nur noch niemand entdeckt. So wie lange Zeit niemand in Schimmelpilzen die Vorboten eines Antibiotikums erkannte, das der Menschheit unglaublich viel Leid ersparen sollte: Penicillin.

Ich vergleiche das frühe Stadium der Kreativität gern mit den kleinen Luftbläschen in einer Champagnerflasche. Die Bläschen entstehen ganz unten am Flaschenboden, suchen sich ihren Weg und steigen auf, bis sie schließlich die Oberfläche erreichen und dort, im Idealfall, für einen kleinen Knalleffekt sorgen, für einen begeisterten Ausruf eines Menschen, dem sich eine Idee offenbart hat. Aus diesem Grund bezeichne ich Ideen auch als Glücksmoleküle. Die Bläschen oder Moleküle unterliegen ihren eigenen Gesetzen, sie gehören mir nicht, ich kann sie nicht steuern und beherrschen. Ich bin nur der Empfänger, der Kanal, der augenblicklich ein intensives Glück empfindet, wenn sie mich heimsuchen. Diese magischen Momente suche ich als Unternehmer.

Es gibt viele, die den Kreativitätsprozess genauer untersucht, exakter beschrieben haben. Darauf kommt es mir hier nicht an. Entscheidend ist, ihn immer wieder zu spüren, ihn zu leben und zu teilen. Kreativität zu teilen, ist etwas sehr Intimes und etwas sehr Kraftvolles.

Es ist höchste Zeit, dass wir nicht länger auf Nebenschauplätzen brillieren, sondern uns auf unsere Fähigkeit besinnen, kreativ zu sein in einem umfassenden Sinn. Und so Antworten suchen auf die dringlichen Herausforderungen unserer Zeit. Wir brauchen dringend alternative Denkansätze und Verhaltensweisen, sonst überlebt weder unsere Art noch unser Planet.

Was müssen – über die weiter oben beschriebene kreative Grundhaltung hinaus – für Bedingungen erfüllt sein, damit

Ideen wachsen können? Zunächst braucht es auf individueller Ebene Achtsamkeit und Neugier, die Fähigkeit, ganz im Moment zu leben und alle Sinneskanäle auf Empfang zu halten. Fehlt es an Offenheit, prallen die besten Ideen von den intelligentesten Köpfen zurück ins Nichts. Ideen sind Glücksmoleküle, die aus dem Nichts aufsteigen und einem zufallen, wenn man es zulässt.

Oft erkennt man im ersten Moment nicht, welches Potenzial in einer Idee steckt. Es gibt das berühmte Wort von Victor Hugo: »Nichts ist mächtiger als eine Idee, deren Zeit gekommen ist.« Vielleicht muss man ihm die Einsicht von Albert Einstein zur Seite stellen, welche die Macht der Ideen scheinbar relativiert: »Eine wirklich gute Idee erkennt man daran, dass ihre Verwirklichung von vornherein ausgeschlossen erschien.«

Wenn wir Ideen zu früh bewerten, nehmen wir ihnen den Sauerstoff zum Wachsen. Hemingway schrieb: »Wenn ich eine Idee habe, drehe ich die Flamme zurück, so weit es geht, wie bei einem Spirituskocher … dann gibt es eine Explosion, und das ist meine Idee.« Auch heute noch setzt jeder Augenblick, in dem wir »Heureka!« rufen können, immense Kräfte frei. Die entscheidende Frage ist, was dann damit passiert.

Innovative Menschen haben nicht unbedingt mehr Ideen als andere, aber sie bewahren die Kraft der ersten Idee durch alle Stadien des Zweifels, der Ungewissheit und der Kritik hindurch. Das gelingt ihnen vor allem, weil sie eine entscheidende Grundregel befolgen, die lautet: »Never feed the fear!« – »Nähre nie die Angst!« Die Idee selber ist weder kontrollierbar noch messbar, zähmbar oder vermarktbar. Sie überlebt nur, wenn derjenige, der sie hat und sich seiner annimmt, ein klares Gefühl hat für ihre Notwendigkeit; wenn er nicht anders kann, als dafür zu sorgen, dass sie Gestalt annimmt – was auch immer andere davon halten mögen. Dafür muss er sie gegen alle Angriffe aus der Welt der Fakten und der Logik schützen.

Im frühen Stadium einer Idee prallen die ungezügelte Energie des Kindes und die disziplinierte erwachsene Intelligenz zusammen – dabei trägt sehr oft die Vernunft den Sieg über die Idee davon. Dabei ist gerade die Idee demokratisch wie kaum etwas anderes. Sie setzt keinen überdurchschnittlichen, jahrelang geschulten Intellekt voraus, ist also nicht der Elite vorbehalten.

Kreativität ist eine Strategie, auf die Zwänge des Lebens zu reagieren. Wer nicht einfach gehorchen und Anweisungen befolgen will, muss kreativ sein. Mein Vater war mir in dieser Hinsicht ein inspirierendes Beispiel. Er hatte mindestens fünf Leben. Zuerst war er Flieger bei der schwedischen Armee, wo er Charles Lindbergh kennen lernte, später Marinekapitän, dann entwickelte er das System der vorfabrizierten Häuser, schrieb ein Buch über die Luftnavigation und diente Schweden als Militärattaché in London, wo er mit Churchill verkehrte. Am Beispiel meines Vaters sah ich früh, was alles möglich ist. So stach ich in jungen Jahren enthusiastisch und neugierig in See und lernte erst allmählich, den Wind zu lesen und das Boot zu lenken. Ich habe immer zuerst etwas gemacht und dann geschaut, was passiert. Die meisten Menschen machen es umgekehrt. Sie überlegen sich genau, was alles passieren könnte, und machen dann nichts.

Ich galt wie erwähnt schon während meiner Schulzeit als hyperaktiv und sehr widerspenstig. Vom Vater hatte ich wenig Vorgaben und Grenzen erhalten. Für mich war es natürlich, dass sich schon Kinder einbringen, mit Fragen, Ideen, Verbesserungsvorschlägen. In der Schule waren aber kleine Maschinen gefragt, die das Gebotene aufnehmen und auf Kommando wieder ausspucken.

Jedenfalls war mir bald klar, dass ich später keinen Chef haben wollte, dessen Erwartungen ich erfüllen musste. Man kann das Hierarchieverweigerung oder Mangel an Disziplin nennen. Ich wollte mich jedenfalls nur meinen Träumen verpflichten. Noch heute reagiere ich allergisch, wenn ich mich eingeengt fühle, wenn mir der Spielraum für Kreativität abhandenzukommen droht.

Ich glaube nicht, dass die Kreativität mit zunehmendem Alter versiegt. Allerdings stelle ich fest, dass sich viele Menschen in meinem Alter von allen Träumen verabschiedet haben. Ihr Alltag besteht fast gänzlich aus Routine und Repetition. Dagegen wehre ich mich mit aller Kraft. Ich will jeden Tag etwas Überraschendes tun können. Mich interessiert deshalb auch nicht mein Leistungsausweis der letzten dreißig Jahre oder mein Besitzstand, sondern immer nur die nächste

Viertelstunde. Wie frei bin ich in der Gestaltung der nächsten Zukunft? Das ist das Kriterium. Kreativität braucht Freiheit, deswegen würde ich meine unternehmerische Freiheit um keinen Preis verkaufen.

Natürlich könnte man im Modebusiness auch mit konventionellen Strategien erfolgreich sein, es wäre manchmal sogar einfacher. Aber es geht mir hier nicht in erste Linie um Mode, sondern darum, wie wir unser Leben gestalten. Ich habe den inneren Antrieb, etwas zu schaffen, etwas zu verändern. Der Realist nimmt das, was er vorfindet, und arrangiert sich damit. Der Kreative erfindet laufend neue Welten, er hat den Anspruch, etwas zu verbessern. Die Realität ist begrenzt, die Träume sind unbegrenzt.

Es sind Träume, welche die Menschen bewegen. Ikarus träumte vom Fliegen – heute nutzen viele von uns diese Möglichkeit der Fortbewegung, als wäre sie immer schon eine Selbstverständlichkeit gewesen. Ein Traum gibt Energie. Viele Erfinder sagen sinngemäß: »Wenn ich gewusst hätte, dass es unmöglich ist, hätte ich es nie erreicht.« Es sind die offenen Fragen, die Unmöglichkeiten, die uns antreiben. In großen und kleinen Krisen werden wir kreativ, setzen wir zusätzliche Energie frei. Unternehmer sind Menschen, die an Träumen festhalten, welche für viele von Bedeutung sind. In der Startphase werden sie oft verkannt oder ausgelacht.

Es ist bekannt, dass viele der globalen Player irgendwo in einer Garage, einer WG oder einem Hinterzimmer entstanden sind. Nichts ließ auf die künftige Erfolgsgeschichte schließen – außer vielleicht das Talent der Gründer fürs Träumen. »McDonald's« war nach der Gründung in den 1940er-Jahren ein gewöhnliches Restaurant in Kalifornien. Bekannt wurde es erst 1948 durch die innovative Art der Hamburger-Zubereitung. Es brauchte aber die Kreativität des Milchshake-Mixer-Vertreters Ray Kroc, damit »McDonald's« zur Weltmarke wurde. Er hatte zur Unzeit Lust auf eine einfache, rasch zubereitete warme Fleischmahlzeit und dachte, diese Möglichkeit sollte eigentlich rund um den Globus allen Leuten offen stehen. Er trat 1954 an die Brüder McDonald's heran mit dem Vorschlag, mit Franchisenehmern weitere Restaurants zu eröffnen. So wuchs die Marke enorm schnell. Zu Beginn registrierten sie auf einer Anzeige stolz jeden Burger, den sie verkauften, 2012 machte das Unternehmen mit 400 000 Mitarbeitern 27 Milliarden Dollar Umsatz.

Ich träumte am Anfang davon, der König der Sweatshirts zu werden. Switcher sollte als Synonym für Sweatshirt verwendet werden im Alltag. Heute sagen tatsächlich viele Kunden in der Deutschschweiz: »Ich brauche ein neues Switcher.« Switcher ist eine Ansammlung von vielen kleinen Träumen. Ich malte mir aus, dass jeder Kunde jederzeit die Wahl zwischen allen Farben und Modellen haben würde. Die Konkretisierung dieses Traums war, dass Switcher nicht halbjährlich modische Produkte lanciert, sondern sein Sortiment immer in der ganzen Farbpalette in den Boutiquen ausliegt – wie viele bunte Smarties.

Ich merkte rasch, dass die Boutiquen nur einzelne Farben und Modelle, von denen sie sich einen hohen Absatz erhofften, beziehen wollten. So ließ ich einfache Möbel herstellen, damit das ganze Sortiment in die Läden kam. Ich musste den Händlern die Möbel offerieren, damit mein Traum am Leben blieb. Und ich ging noch einen Schritt weiter und sagte ihnen: »Ihr nehmt jetzt einfach alle Farben und Modelle – ich verspreche euch ein Rückgaberecht für den Fall, dass Einzelnes nicht läuft.« Nicht selten ist es eine Frage des Geldes, ob man die Zwänge eliminieren kann, die sich einem Traum in den Weg stellen. Deshalb müssen die Finanzen und die Struktur einer Firma den Träumen gewachsen sein. Aber man sollte nicht mit einer Buchhalterseele träumen.

Ein nächster Traum war, dass Switcher an coolen Events dabei ist. Ich habe das mit dem »Paléo« in Nyon, mit dem Montreux Jazz Festival oder dem Gurtenfestival eingefädelt, ohne den Nutzen errechnet zu haben. Es war für mich einfach sonnenklar, dass wir den Staff dieser wichtigen Festivals mit personalisierten Shirts ausstatten und an den Anlässen mit diskretem Merchandising präsent sein mussten. Das intensivierte auch unsere Zusammenarbeit mit den Siebdruckern, die schon früh ein wichtiger Pfeiler des Switcher-Traumgebildes waren. Das war anspruchsvoll, denn der Handel will drei Stück jedes Modells in zwanzig Farben, der Siebdrucker dagegen tausend Stück in fünf Farben. Aber ich sah vor meinem inneren Auge, wie Siebdrucker und Event-Veranstalter gewinnbringend zusammenarbeiten konnten.

Es ist wichtig, in aller Klarheit jene Dinge zu sehen, die noch nicht Realität, aber evident sind. Der Unternehmer muss mit beiden Füßen auf dem Boden stehen, aber er soll gefälligst immer wieder springen, schwimmen und fliegen, damit er nicht am Boden kleben bleibt.

Natürlich braucht es auch das solide Handwerk, die strategischen Überlegungen, die unspektakuläre Umsetzung. Einkauf, Verarbeitung, Transport, Preispolitik, Verkauf, Marketing, Lagerbewirtschaftung – da kann man das Rad nicht neu erfinden, es arbeiten alle mit den gleichen ungefähr zehn Parametern. In der Küche ist es ähnlich. Es gibt Fleisch und Fisch, ein Dutzend etablierte Beilagen, dazu Gemüse, Kräuter und Gewürze; alle haben ungefähr dasselbe Ausgangsmaterial und die gleichen Zwänge.

Es ist die Summe vieler kleiner Details, die den Unterschied ausmacht. Entscheidend ist nicht, was man macht, sondern wie man etwas macht. Das bedeutet auch: Die Kreativität äußert sich meistens nicht in spektakulären Neuerfindungen, sondern sie zeigt sich in der Imagination. Man findet nicht viel Neues, es ist alles schon da, die Kunst besteht darin, jene kleinen Dinge herauszugreifen und zu verändern, die den Unterschied ausmachen können.

Bei einem Restaurant ist das vielleicht nicht die Küche, sondern die Tatsache, dass es immer freie Parkplätze hat. Oder dass man mit zwei Klicks einen Tisch buchen kann. Oder die besondere Stimmung im Esssaal. Bei Switcher sind nicht einzelne Modelle besonders kreativ. Aber die Kunden wissen, dass wir für eine spezielle Haltung in der Textilbranche stehen. Dass sie mit jedem Shirt, das sie kaufen, indirekt dazu beitragen, dass in Indien Schulen und Trinkwasseraufbereitungsanlagen gebaut werden.

Aber dieses Beispiel zeigt auch, dass die Träume manchmal mit einem durchgehen und man jemanden braucht, der einen rechtzeitig bremst. Denn Kreativität ist immer auch ein Mittel, sich interessant zu machen, attraktiv zu sein für andere. Zunächst einmal bleibt man attraktiv für sich selber, man langweilt sich weniger schnell, wenn man kreativ ist, weil man Filme im Kopf hat und laufend die Welt erweitert. Man überschreitet dauernd Grenzen durch die Kreativität – und das ist, nebenbei gesagt, auch eine gute Methode, das andere Geschlecht zu verführen …

Kreative Dinge zu verwirklichen, ist immer auch Balsam fürs Ego. Das verführt einen manchmal dazu, zu weit zu gehen, übers Ziel hinauszuschießen, weil man es besonders gut machen will. Ich dachte damals vor dem Start unseres sozialen Engagements in Indien: Wir bauen nicht nur Schulen für die Kinder der armen Landbevölkerung in Indien, wir statten sie auch noch mit Ventilatoren aus. Das war ein Ego-Traum von mir. Ich begriff schließlich, dass die Bevölkerung gar keine Ventilatoren wollte, weil die Leute befürchteten, ihre Kinder würden dadurch krank. Dann wollte ich unsere Fabriken in Indien mit grünem Rasen umgeben. Auch diese europäische

Idee kam gar nicht gut an. Man erklärte mir, dass das sehr schlecht wäre fürs Image, weil es nach Verschwendung aussähe.

Bei zunehmender Unternehmensgröße wird Struktur wichtiger als Kreativität. Und es trifft zu, dass gutes Management eine Firma sehr erfolgreich machen kann, auch wenn der Chef nicht besonders kreativ ist. Bill Gates etwa ist ein extrem strukturierter Mensch, er hat nichts von der Verrücktheit, die Steve Jobs auszeichnete. Je größer das Unternehmen, desto klarer muss die Kreativität kanalisiert werden. Ich selber habe lange Zeit fast nur über Vorbildfunktion und Werte geführt und fixe Strukturen wo immer möglich vermieden. Ich habe versucht, die Zwänge auf ein Minimum zu reduzieren, um maximale Freiheit für Kreativität zu schaffen. Auch bei den Partnern konzentrierte ich mich darauf, Zwänge abzuschaffen, indem ich Möbel gratis abgab, die Ware zurücknahm, alles ganz einfach hielt.

Mit der Zeit habe ich gemerkt, dass nicht alle so ticken wie ich. Dass Menschen mit einem ganz anderen Temperament Regeln und Sicherheit wollen, nicht maximalen Spielraum. Es ist wichtig, dass man sich auf grundlegende Regeln und Werte einigt und ansonsten die Aufregung am Leben erhält.

Es braucht eine positive Art der Unruhe. In vielen großen Unternehmen dominiert heute die Angst. Die Chefs haben Angst, die Kontrolle zu verlieren, ihren Vorsprung auf die Konkurrenz einzubüßen. Deswegen kümmern sie sich um Risikominimierung und Absicherung. Sie verwenden einen

Großteil ihrer Zeit und Energie darauf, ihre Verteidigung zu organisieren, statt etwas Neues zu schaffen. Wer nur noch bestrebt ist, nichts zu verlieren, schafft nie einen großen Wurf. Das ist mit ein Grund, warum man dort, wo sich Kreativität entfalten soll, nicht alles vermessen und hinterfragen darf. Da braucht es die Spielwiese, den geschützten Raum, das Traumlabor. Es braucht die Erlaubnis, unvernünftig zu sein.

Man kann den Leuten aber nur Freiheiten geben, wenn man akzeptiert, dass sie womöglich etwas schaffen, was die eigenen Fähigkeiten übersteigt. Microsoft wollte mehrere Jahre vor Apple ein erstes Tablet lancieren, doch Bill Gates beerdigte dieses Projekt, weil er fand, ein Gerät, mit dem man nicht telefonieren könne, sei sinnlos. Er hätte aus eigenem Schaden klüger werden können, hatte er doch 1978 gemutmaßt, es gebe keine Zukunft für das Internet.

Kreativität ist eine chaotische, manchmal auch destruktive Kraft, sie lässt sich weder befehlen noch monopolisieren. Und es gibt keine Sicherheit in der Kreativität. Sie ist immer ein Wagnis, man weiß erst nachher, ob es sich auszahlt. Der Spagat besteht darin, dass man die Realität negieren muss, um etwas Neues vor dem inneren Auge zu entwerfen, dass aber – außer vielleicht in der Kunst – die Konfrontation mit der Realität der Gradmesser für den Wert einer Kreation bleibt.

So wie Kinder die Alltagsumgebung brauchen als Nährboden für ihre fantastischen Spiele, braucht der kreative Unternehmer die Realität als eine Art Trampolin, von dem aus er immer wieder in seine Träume springen kann. Er muss tief in die Realität eintauchen und sich dann hoch über sie erheben. Aber natürlich kann man es auch nüchterner sehen und sagen: Kreative leiden an einem Mangel an Disziplin. Weil sie nicht in der Lage sind, zweimal das Gleiche zu machen, schaffen sie immer wieder Neues.

Man muss aber aufpassen, sich nicht in seinen Träumen zu verlieren. Ich habe in den ersten Jahren mit Switcher ganze Farbtheorien entworfen, mit sieben Grundtönen und jeweils zehn Nuancen pro Grundton. Ich dachte, wenn wir immer die ganze Farbpalette zur Verfügung hätten, könnten wir uns um Modetrends foutieren. Aber das wurde alles zu kompliziert, die Farbauswahl zu unübersichtlich, das Lager zu voll, der Kunde zu verwirrt. Ich habe dann auf rund vierzig Farben zurückbuchstabiert. Kombiniert man diese mit zehn Materialien und zwanzig Formen, bleibt es noch kompliziert genug.

Heute haben wir nochmals weniger Modelle und Farben, es ist wichtig, sich auf das zu konzentrieren, was wirklich gut läuft und verstanden wird. Ich bin mehr und mehr Anhänger der minimalistischen Konzepte geworden. Schauen wir Apple an. Dessen Sortiment ist geradezu erschreckend überschaubar. Und auch deshalb so attraktiv. Man darf sich nicht selber zu sehr konkurrenzieren. Es braucht das Vertrauen in die Kraft einzelner Produkte. Und natürlich eine starke Marke.

Als ich für Switcher ein Markenzeichen suchte, hatte ich immer das Krokodil von Lacoste im Kopf und dachte: Wir brauchen auch ein Tier als Unterscheidungsmerkmal. Ich war 25-jährig und hatte von nichts eine Ahnung, schon gar nicht von Branding. So ging ich zu einem Grafiker in Pully und fragte ihn, ob er ein Signet für mich machen könnte. Er bot mir an, für 300 Franken drei Vorschläge auszuarbeiten. Nach kurzer Zeit bekam ich ein Rhinozeros, einen Elefanten und einen Walfisch. Mir war sofort klar, dass nur der Walfisch infrage kam. Zwar hatten 95 Prozent unserer Kunden vermutlich noch nie im Leben einen Wal gesehen, aber das änderte nichts daran, dass im Unterbewussten jeder dieses gigantische Säugetier liebt. Ein Walfisch lädt zum Träumen ein.

Gleichzeitig wusste ich, dass dieses Logo ein wenig kindisch und kitschig war und wir es unmöglich auf die Brust sticken konnten wie ein Lacoste-Krokodil. Deshalb druckten wir es diskret auf die Etiketten. Im Marketing leistete uns der Wal aber gute Dienste. Ich habe Hunderte von Walfischen in Form von Plüschtieren, Zeichnungen und Nippes von Switcher-Fans aus aller Welt erhalten. Und wir haben rund 50 000 aufblasbare gelbe Walfische vertrieben über all die Jahre. Es haben sich längst nicht nur Kinder darüber gefreut, die damit im Wasser planschen. Auch Frauen gegen die fünfzig waren ganz gerührt, weil der Plastikwal das innere Kind in ihnen angesprochen hat. Und wenn Switcher heute in der Schweiz unter den beliebtesten und bekanntesten Textilmarken figuriert, ist dies mit Sicherheit zu einem großen Teil dem gelben Wal zu verdanken.

Kreativität kann manchmal auch bedeuten, das Einfache, Unspektakuläre zu tun. Das braucht Mut. Wir haben uns nie zu sehr auf diese Fashion-Spielereien eingelassen. Wenn die Textilbranche darauf abzielt, gigantische Bäume und spektakuläre Blumen zu fabrizieren, dann steuern wir einen schönen grünen Rasen bei. Wir liefern die Basis, vereinfachen das Leben der Kunden. Es braucht Kreativität, sich in die Haut des Kunden zu versetzen. Wir wollen ihn verstehen und ihm dienen, nicht ihn verführen.

3 Im Käfig des Materiellen
oder
Wie Geld unser Wertesystem gefährdet

»Ich messe den Erfolg aber nicht nur an der Rendite.
Für mich ist essenziell, dass wir nichts Unsinniges
herstellen, bloß weil es gekauft würde.«

Wenn uns diese weltweite Finanzkrise etwas gelehrt hat, dann die Erkenntnis, dass Geld immer nur ein Mittel sein sollte und nie das Ziel. Wenn wir alles auf die Finanzen ausrichten, geben wir ihnen ein übertriebenes Gewicht im Vergleich mit den anderen Faktoren der Wirtschaft. Das Resultat war augenfällig: Die Wirtschaft wurde krank, weil sich alles ums Geld drehte. Noch nie war Geld so wichtig – und noch nie hat sich der Einzelne so einsam gefühlt.

Nehmen wir als Analogie den menschlichen Körper: Die verschiedenen Organe spielen zusammen, sie sind voneinander abhängig, ohne dass es eine klare Hierarchie gäbe. Alle tragen sie zu unserem Überleben bei. Was brächte es dem Menschen, ein überdimensioniertes Gehirn oder Herz zu haben, wenn die anderen Organe nicht auf dem gleichen Niveau sind? Für Wirtschaft und Unternehmertum gilt ebenso: Es kommt aufs Gleichgewicht an. Ein Unternehmen, das finanziellen Erfolg sucht, ohne Werte zu schaffen, gerät auf Dauer aus dem Gleichgewicht. Es bringt daher nichts, den Gewinn zu maximieren, wenn einzelne Bereiche des Organismus darunter leiden. Es braucht das Zusammenspiel von Ausbildung, Forschung, Entwicklung, Führung, guten Sozialleistungen, Wertschöpfung und finanziellem Erfolg, damit ein Unternehmen langfristig gedeiht.

In letzter Zeit ging vielerorts vergessen, dass die Finanzen im Dienst der Wirtschaft stehen und nicht umgekehrt. Eine wichtige Rolle haben dabei die Beteiligungsgesellschaften gespielt, mit deren Hilfe Finanzinvestoren Unternehmen beherrscht und große Gewinne erzielt haben (»private equity«). Ursprünglich bestand ihre Funktion darin, nicht börsenkotierten Unternehmen Geld für ihr Wachstum zur Verfügung zu stellen und – in einigen Fällen – eine gewisse externe Expertise einzubringen. Von diesem Modell profitierten alle: Das Unternehmen erhielt in kritischen Momenten eine Anschubfinanzierung, die Beteiligungsgesellschaft profitierte mittelfristig vom wirtschaftlichen Gedeihen des Unternehmens.

Wenn nun aber Finanzinvestoren oder Beteiligungsfonds vermehrt mit einer kurzfristigen Perspektive in die Wirtschaft eingreifen und mehr den raschen Profit als den Unternehmenserfolg anpeilen, dann werden zwar Gewinne erzielt, aber keine Werte mehr geschaffen. Das Kapital bringt Zinsen ein, aber das Unternehmen trägt schwer daran.

Dieser auf rasche Dividende ausgerichtete Ansatz ist eine Gefahr für jede Unternehmenskultur, die hauptsächlich von weichen Faktoren wie Emotionen, Intuition, Solidarität und Transparenz getragen wird. Er steht darüber hinaus meistens im Widerspruch zur nachhaltigen Entwicklung eines Unternehmens, welche zwingend die soziale und ökologische Verantwortung berücksichtigt.

Es ist höchste Zeit, dass wieder andere Finanzierungsstrategien die Oberhand gewinnen als jene, die darauf abzielen, Unternehmen zu fusionieren, aufzukaufen oder zu restrukturieren – immer mit dem Ziel, sie zu zerstückeln und die Filetstücke herauszuschneiden, ohne die Geschichte und das fragile Gleichgewicht des ganzen Organismus zu berücksichtigen. Ich denke an Investoren, die sich nicht nur für den eigenen Profit ins Zeug legen, sondern daran interessiert sind, dass neue Stellen und neue Werte geschaffen werden für die Gesellschaft von morgen. Zukunftsträchtige Branchen in diesem Sinne sind zum Beispiel Bildung und Forschung in Bereichen, die auf mittlere Sicht Energieeinsparungen ermöglichen. Investoren, die sich daran ausrichten, brauchen andere, feiner abgestimmte Kriterien als die Abschätzung von Risiko und Renditechancen.

Unterstützen wir – wenn möglich mit einer Mischfinanzierung aus privaten und öffentlichen Geldern – wieder mehr Projekte, die zur harmonischen Entwicklung unserer Gesellschaften beitragen. Sinnvoll sind Steuererleichterungen für jene, die in wichtige Projekte investieren, welche der Staat allein nicht finanzieren kann. Belohnen wir jene Unternehmen oder Individuen, die bereit sind, mit einer längerfristigen Optik zu investieren und dafür auf einige Prozentpunkte Rentabilität zu verzichten. Solche Investoren werden mit einer höheren Reputation belohnt, weil sie zu Recht als Sozialunternehmer gesehen werden und sich ihnen dadurch viele Türen öffnen.

Auf individueller Ebene sollten wir uns daran erinnern, dass Erfolg und Reichtum nicht mit Glück gleichzusetzen sind. Wenn ökonomischer Erfolg nicht mit einer Entwicklung der Persönlichkeit einhergeht, wenn jemand zwar Geld, aber keine Werte und keine Moral hat, ist wenig gewonnen. Anders liegen die Dinge, wenn sich finanziell Erfolgreiche ihrer Verantwortung bewusst sind, Stellen zu schaffen, innovativ zu sein und dem gesellschaftlichen Fortschritt zu dienen. In der weltweiten Finanzkrise hat sich gezeigt, dass Geld als Endzweck keinen Fortschritt und keine Zufriedenheit bringt und dass eine Gesellschaft, die sich ganz der Anhäufung materieller Güter verschreibt, sehr verletzlich wird.

Das Glück lässt sich nicht kaufen. Wer den anderen respektiert und sich selber Wertschätzung entgegenbringt, hat gute Chancen, glücklich zu sein. Wer wie ich in der zweiten Lebenshälfte steht, möge sich einen Moment Zeit nehmen zum Nachdenken und Innehalten. Dann dämmert ihm vielleicht, dass es nicht nur darauf ankommt, was wir vollbringen, sondern vor allem darauf, wie wir es tun. Mit den Worten Buddhas: »Es gibt keinen Weg, der dich zum Glück führt – Glücklichsein ist der Weg.« Wer mit Ausdauer und Überzeugung seinen Weg geht, auch wenn er angefeindet wird oder Widerstand überwinden muss, ist für mich ein Held. Er ist dann nicht mehr abhängig von der Anerkennung, die ihm andere entgegenbringen, und er wird den Wert seines Tuns nicht daran messen, ob ihm jederzeit finanzieller Erfolg beschieden ist. Wenn wir zu stark auf den finanziellen Erfolg fokussieren, geraten wir leicht aus dem Gleichgewicht. Wer dem Geld um des Geldes willen nachjagt, wird das Glück nicht finden – das gilt für Individuen und Gesellschaften.

Man verstehe mich nicht falsch: Ich bin der Letzte, der etwas gegen materiellen Erfolg hat. Wir alle brauchen Anerkennung; Geld ist ein Werkzeug, uns Anerkennung zu verschaffen. Gefährlich daran ist, dass unsere Gesellschaft dem Geld und dem materiellen Erfolg zu viel Gewicht beimisst. Kaufkraft gibt dir Macht, aber sie macht – ab einem gewissen Niveau – nicht glücklicher.

In meinen Augen ist es für die Lebenszufriedenheit wichtiger, sich im Anderen wiederzuerkennen, als von anderen Anerkennung zu erhalten. Das Bemühen, sich Anerkennung zu erkaufen, macht verletzlich und abhängig. Unser Umgang mit Geld ist paradox: Wir hoffen, Geld schenke uns Freiheiten, müssen dann aber feststellen, dass der Besitz uns ängstlich macht. Ursprünglich war Geld ein Tauschmittel, das den Austausch unter den Menschen förderte. Nun ist es zu einem

Symbol des Erfolgs geworden und trennt die Menschen. Gerade in Gesellschaften mit großen sozialen Unterschieden leben jene, die am meisten Geld haben und also am glücklichsten sein müssten, in Angst. Sie ziehen Zäune hoch, um ihren Wohlstand zu sichern, und isolieren sich mehr und mehr.

Die Frage ist, warum so viele der Illusion erliegen, sie wären glücklicher, wenn sie noch mehr Geld hätten. Ich erinnere mich gut an die Vorlesungen von Professor François Schaller an der École des Hautes Études Commerciales in Lausanne. Er pflegte zu sagen:»Unser Budget ist begrenzt, unsere Gelüste aber sind grenzenlos.« Daher versuchen wir dauernd, aus unserem Budget ein Maximum an Bedürfnisbefriedigung herauszuholen. Und regelmäßig denken wir: Wie viel näher wären wir am Optimum, wenn wir mehr Geld zur Verfügung hätten.

Wir übersehen dabei, dass mit zunehmendem Budget auch neue Bedürfnisse auftauchen. In unserer Gesellschaft, die sich enorm stark über den Konsum definiert, kämpfen wir deshalb meistens gegen ein mehr oder weniger akutes Gefühl der Frustration. Wer viel Geld hat, schätzt sich nicht glücklich angesichts der vielen, die weniger zur Verfügung haben, sondern er vergleicht sich mit dem, der mehr oder andere Dinge besitzt als er. Davon profitieren die Unternehmen. Sie gaukeln uns vor, wir wären glücklicher, wenn wir mehr kauften.

Dieser dauernden Versuchung zu widerstehen, ist nicht leicht. Gerade bei den Reichen kann man beobachten, dass sie enorm viel kaufen, wenn sie gestresst oder frustriert sind – sie betreiben Shopping als eine Art Selbsttherapie. Ich glaube nicht, dass wir das Glück in den Objekten finden.

Das Gegenteil ist wahrscheinlicher: dass die Objekte uns einsam machen und unsere Beziehungen gefährden, weil sie einen zu großen Stellenwert erlangt haben. Was ist befriedigender, wenn ein mir nahestehender Mensch Geburtstag hat: dass ich etwas von Hand für ihn herstelle und meine Zeit und Fantasie in dieses Geschenk stecke? Oder dass ich rasch in einen Laden gehe und etwas sehr Teures kaufe? Und was passiert häufiger? Oder: Welche Ferien haben eine höhere Erlebnisqualität: zwei Wochen auf den Malediven im Bilderbuch-Bungalow oder zwei Wochen durch Frankreich und Italien reisen als Rucksacktourist für ein paar hundert Franken? Wir setzen uns oft die falschen Ziele, weil wir uns von den falschen Dingen Glück erhoffen.

Ich bin lieber der Millionär unter den Armen als der Arme unter den Millionären. Entscheidend ist für mich, wie frei ich mich bewegen kann und wie die Qualität meiner Beziehungen ist. Wenn wir das Geld anhäufen, um uns Freiheit zu kaufen, merken wir gar nicht, wie schnell es zum Gefängnis wird. Von Dominique Strauss-Kahn hieß es, er habe in einer Suite übernachtet, die 3000 Dollar pro Nacht kostet. Warum brauchte er so eine Suite? Erweiterte sie seine Freiheit oder wurde sie zu einem Gefängnis für ihn? Wenn einer für 400 000 Franken rasch im Privatjet nach Kanada fliegt, ist das in meinen Augen ebenso unverständlich, wie wenn einer für hundert Millionen

Franken eine Jacht kauft, deren Unterhalt ihn zehn Millionen pro Jahr kostet. Angenommen, er braucht sie vierzig Tage im Jahr, was viel wäre, kostet ihn das über 200 000 Franken pro Tag. Ich wette, er gibt eine Menge Freiheit auf, um sich diesen Unsinn leisten zu können. Und er gewinnt wenig Glücksgefühle dadurch.

Aber Geld verschafft uns Zugang zu raren Objekten und bestimmt unseren Rang in der gesellschaftlichen Hierarchie. Deshalb neigen wir dazu, seine Auswirkung auf unsere Lebenszufriedenheit brutal zu überschätzen. Seit wir auch Geld ausgeben können, das uns gar nicht gehört, ist es noch schwieriger geworden, der Versuchung zu widerstehen, das Glück am falschen Ort zu suchen.

Auch die Erfindung der Kreditkarte geschah mehr zufällig als von langer Hand geplant. 1949 aß Frank McNamara, ein reicher New Yorker, in einem teuren Restaurant und merkte erst ganz am Schluss, dass er kein Geld dabeihatte. Er musste dem Restaurantbesitzer hoch und heilig versprechen, dass er die Rechnung später bezahle. Aus diesem Erlebnis entwickelte er die Idee der Diners Card, die es dem Kartenbesitzer erlaubte, sich ohne Bargeld ins Restaurant zu setzen und dort auf Pump zu essen. Ich fürchte, er war sich nicht bewusst, welch folgenschwere Erfindung er da gemacht hatte.

Ich erinnere mich noch gut, welche Bedeutung es für mich hatte, als ich erstmals richtig Geld verdiente. Ich jobbte während des Studiums als Taxifahrer und verdiente in dieser Zeit neun Franken pro Stunde. Dann organisierten wir an der École des Hautes Études Commerciales einen Sportanlass, und ich importierte Sweatshirts aus Portugal, die ich mit drei oder vier Franken Gewinn verkaufen konnte.

So verdiente ich innert Kürze 800 Franken, was für mich damals sehr viel Geld war. Ich sagte mir: Das funktioniert ja viel besser und macht erst noch mehr Spaß als das Taxifahren. Also investierte ich das Geld, um mehr Farben und Modelle einzukaufen, und klapperte Sportläden und Boutiquen ab, die bereit waren, meine Ware weiterzuverkaufen. Zudem waren die Reisen nach Portugal nützlich für mein zweites Lizenziat in politischer Wirtschaft. Ich fand in der Bibliothek in Porto genau die richtigen Bücher über die portugiesische Dekolonisation.

Ganz ohne Startkapital ging es aber nicht. Als ich zwanzig war, erhielt ich 40 000 Franken aus der Lebensversicherung meines Großvaters. Mein Ziel war, den gleichen Betrag von einer Bank zu bekommen. Das funktionierte ganz gut, und ich steckte den Gewinn immer sofort in Reisen nach Portugal, wo ich neues Material einkaufte. Parallel begann ich, für die Wiederverkäufer meiner Ware Möbel zu entwerfen und ein Vertreternetz aufzubauen. Meine Kollegen, die nach der Uni bei Nestlé oder Procter & Gamble anheuerten, verdienten dort 3000 oder 4000 Franken im Monat. Ich beneidete sie keine Sekunde. Ich hatte zwar kein regelmäßiges Einkommen, aber ich hatte mich einer großen Idee verschrieben, was mir einen andauernden Energieschub gab.

Das Geld sah ich als Treibstoff, das mich als Unternehmer vorwärtsbrachte. Es gab so viele Ideen, so vieles, das ich gleichzeitig hätte machen wollen, und das Geld war der Engpass. Erst später wurde mir klar, dass es schädlich sein kann, wenn man zu viel Geld zur Verfügung hat und nicht wählerisch sein muss. Wer knapp kalkulieren muss, ist zu Kreativität und strenger Priorisierung gezwungen. Das kommt dem Unternehmen normalerweise zugute.

Ich hatte immer einen leicht verschwenderischen Umgang mit Geld. Oft habe ich zuerst Geld ausgegeben und mich dann gefragt, ob das wohl irgendwann zurückkommt. So habe ich zum Beispiel Geld in den Aufbau des Betriebs der Siebdrucker, die unsere Textilien bedruckten, eingeschossen, damit sie in der schwierigen Anfangsphase weitermachen konnten. Ich tat es mit gutem Gefühl, aber der Ausgang war ungewiss. Schließlich hat es sich ausbezahlt.

Ich messe den Erfolg aber nicht nur an der Rendite. Für mich ist essenziell, dass wir nichts Unsinniges herstellen, bloß weil es gekauft würde. Manchmal beelendet es mich, wie viele überflüssige Dinge hergestellt werden zur Ankurbelung des Konsumrades.

Kürzlich habe ich in einem Laden eine Daunenlederjacke für 12 800 Franken gesehen. Der Markt der Ultrareichen hat etwas sehr Surreales. Wenn es Mode wäre, mit einem Panzer, der tausend Liter Benzin pro Stunde verbraucht, durch die Straßen zu fahren, fänden sich bestimmt Hersteller und Käufer dafür.

Es sind ja nicht nur die Preise von Luxusprodukten, die aus dem Ruder laufen, sondern auch die Löhne der Topmanager. Was treibt den Konzernchef an, zwanzig statt achtzehn Millionen Franken zu kassieren? Was reitet einen erfahrenen Mann wie Daniel Vasella, sich für sechs Jahre Konkurrenzverbot 72 Millionen Franken Entschädigung sichern zu wollen? Mit den realen Bedürfnissen hat das wenig zu tun. Es geht in erster Linie um den Challenge, ein Maximum herauszuholen. Gerade die Manager ganz an der Spitze vergleichen sich mit ihresgleichen, und sie setzen alles daran, durch Cleverness zu imponieren. Es ist deshalb nur halb zutreffend, ihnen Realitätsverlust vorzuwerfen, sie agieren durchaus realistisch, einfach mit einem sehr eingeschränkten Blickfeld. Ich finde hohe Löhne nicht per se verwerflich. Wenn jemand durch harte Arbeit über lange Zeit sehr viel Wertschöpfung erzielt hat mit einem Unternehmen, soll er auch viel Geld verdienen. Ich sehe allerdings keinen Grund, dass ein Manager, der im Gegensatz zum Unternehmer kein Risiko trägt, mehrere Millionen im Jahr verdient. Oder gar eine Million pro Monat bekommt, wenn er nach seinem Ausscheiden nicht zur Konkurrenz überläuft.

Das Problem ist, dass wir hohe Löhne mit außerordentlicher Leistung gleichsetzen. Ein sehr guter Topmanager, der 600 000 Franken verdient, hat heute ein Imageproblem. Er wird weniger gehört als sein Kollege, der zwei Millionen bekommt. Was mich stört, ist, dass Unternehmen dem Management horrende Saläre zahlen, aber teilweise kein Budget für neue Lehrstellen finden oder die untersten Löhne tief halten. Eine solche Ungleichheit schadet allen. Und sie setzt sich auch außerhalb der Unternehmen fort.

In einigen Gegenden, wo sich besonders viele Reiche niedergelassen haben, sind die Lebenskosten so stark gestiegen, dass gar keine Durchmischung mehr stattfindet. Es entstehen Refugien, wo Reiche abgekapselt leben und im besten Fall Arme für sich arbeiten lassen. Diese Leute leben teilweise in einer unglaublichen Einsamkeit. Und dann sieht man die Menschen in Indien, die hundertmal weniger Geld haben als wir, aber einen sehr starken Gemeinschaftssinn. Als ich zum ersten Mal in Indien war, dachte ich: Je weniger Geld die Leute haben, desto mehr lachen sie.

Ich will nicht die Armut verklären. Ich stelle nur fest: Wir haben einen unglaublichen Stress mit unserem Wohlstand. Und ab einem gewissen Level nimmt die Lebensqualität einfach nicht mehr zu, auch wenn das niemand glauben will. Wenn man sein Einkommen von 5000 auf 10 000 Franken im Monat verdoppelt, so ändert sich vermutlich das Leben. Eine Verdoppelung von 50 000 auf 100 000 Franken dagegen fällt viel weniger ins Gewicht, da vermehren sich primär die Sorgen und Ängste. Man zahlt oft einen hohen Preis für den höheren Lohn.

Ich bin dafür, dass wir alle nur noch achtzig Prozent arbeiten – das wäre eine Verbesserung der Lebensqualität statt eine Einkommensmaximierung. Wenn vier Leute statt hundert Prozent achtzig Prozent arbeiten, ist eine fünfte Stelle geschaffen. Und alle fünf Achtzig-Prozenter haben mehr Freizeit und müssen daher weniger Frustrationskäufe machen. Dieser zusätzliche freie Tag gäbe uns Gelegenheit, mehr darüber nachzudenken, wie wir unser Geld sinnvoll ausgeben können. Ich habe oft etwas weggegeben in der Hoffnung, dass es eines Tages zurückkommt. Und ich bin in dieser Hoffnung eigentlich fast nie enttäuscht worden.

Vieles kann man nicht kalkulieren, man muss es aus dem Bauch heraus machen. Privat habe ich mich immer viel leichter damit getan, jemanden einzuladen, als damit, mich einladen zu lassen. Jemanden einzuladen, gibt dem Zahlenden ein gutes Gefühl, er übt in gewisser Weise Macht über den anderen aus. Etwas zu empfangen, braucht mehr Demut.

Als Unternehmer kämpft man immer wieder dagegen, dass einem das Geld ausgeht. Finanzielle Abhängigkeit ist für einen Unternehmer das Schlimmste. Die Wirtschaft ist unglaublich kurzlebig geworden, die Verhältnisse können sich in wenigen Wochen verändern, die Gefahr der Abhängigkeit ist für mittelgroße Unternehmen stark gewachsen. Heute ist es meine Aufgabe, sicherzustellen, dass die Werte von Switcher nicht nur erhalten bleiben, sondern gestärkt werden.

Wir wollen nicht in erster Linie ein Textilunternehmen sein, sondern ein Ethikunternehmen. Das bedeutet: Ein Teil unserer Arbeit ist die Bewusstseinsbildung. Die Konsumenten sollen sich bewusst werden, welche Folgen ihr Kaufakt hat. Wir bieten keine Modekleider an, die man nach sechs Monaten wieder wegwirft, sondern Basis-Textilien, die jahrelang halten. Am liebsten würde ich an unseren Verkaufspunkten Schilder aufhängen, auf denen steht:»Sind Sie sicher, dass Sie ein zweites schwarzes Hemd brauchen?«

Ich will ein Maximum an Menschen erreichen, die ein Minimum konsumieren. Kürzlich habe ich bemerkt, dass meine Lederstiefel allmählich kaputtgehen. Wenn ich sie wegschmeiße und mir ein neues Paar kaufe, fließen ein paar Franken zu den Produzenten. Wenn ich aber hier zum Schuhmacher gehe und sie für sechzig Franken flicken lasse, kommt das direkt diesem Handwerker zugute.

Das wirtschaftliche Hauptziel von Switcher ist es heute, genügend Luft zu haben für ein maßvolles Wachstum. Es braucht kontinuierliche Investitionen. Geld vernünftig auszugeben, ist die wichtigste Aufgabe des Unternehmers.

Ich werde oft gefragt, ob man heute ein globaler Player sein muss, um im Textilmarkt zu bestehen. Auf den Punkt gebracht, lautet die Frage der Kunden:»Müssen wirklich alle in Asien produzieren?« Für manche Produkte sehe ich derzeit keine Alternative. Wir produzieren unsere Mikrofaser-, Polar-Fleece und Soft-Shell-Produkte in Hongkong und Taiwan – weil nur dort die Maschinen zu finden sind, die technisch hochwertige Textilien herstellen können. In der Produktion von Baumwoll-Shirts und -Polos ist Indien sehr kompetent und leistungsfähig. Wir haben vor kurzem einen Teil der Produktion wieder nach Portugal verlagert, wo alles begann.

Ich prüfe regelmäßig, welche Alternativen es gibt zur Produktion und Verarbeitung in Asien. Ich glaube, es braucht nach der großen Globalisierungswelle eine neue Form der Fokussierung respektive Bündelung der Kräfte. Ich möchte als Unternehmer dazu beitragen, dass ein Maximum an Tätigkeiten in einer Region erhalten bleiben kann. Mit Switcher generieren wir beispielsweise für den Siebdruck jedes Jahr ein Auftragsvolumen von rund zwanzig Millionen Franken. Es wäre jammerschade, wenn dieses Handwerk in der Schweiz nicht mehr weitergeführt werden könnte.

4 Mächtige Wirtschaft, ohnmächtige Politik
oder
Warum es langfristiges Denken braucht

»Immer mehr Menschen werden sich bewusst, dass unsere Produkte nicht einfach vom Himmel fallen. Und dass sie sich nicht in Luft auflösen, wenn wir sie nicht mehr brauchen.«

Die Wirtschaft gehorcht anderen Gesetzen als die Politik. Der Markt gibt den Unternehmen den Rhythmus vor. Börsenkotierte Unternehmen müssen quartalsweise Rechenschaft abliefern, aber auch KMU im Privatbesitz können nicht auf Jahre hinaus planen. Sie brauchen Kapital und müssen Gewinn erzielen, um genug Sauerstoff für die Weiterentwicklung zu haben. Gerade die exportorientierte Industrie hat in den letzten Jahren erfahren, wie rasch die Vorzeichen ändern können, wenn die Währung wichtiger Abnehmerstaaten an Wert verliert. Die Eurokrise hat viele Unternehmen gezwungen, sich rasch extrem stark zu verändern.

Die Politik dagegen hat normalerweise keine kurz-, sondern eine langfristige Optik. Entscheidet sie über neue Gesetze oder Investitionen, sollen diese der Gemeinschaft über einen längeren Zeitraum nützen. Eine gesunde Gesellschaft braucht beide Perspektiven: das kurzfristige Denken der Wirtschaft und den weiteren Horizont der Politik.

Deshalb ist es beunruhigend, zu beobachten, dass sich die Politik mehr und mehr von kurzfristigen Überlegungen leiten lässt. Wenn ein Politiker für vier Jahre gewählt ist, bewegt er höchstens im ersten Jahr etwas. Zu Beginn ist er ganz seinem hoffentlich innovativen Programm verpflichtet, dem er seine Wahl oder Wiederwahl verdankt. Die beiden nächsten Jahre ist er mit den Details der Umsetzung, dem Taktieren und Verhandeln beschäftigt. Und im vierten Jahr riskiert er nichts, sondern sucht den Beifall der Wähler, die ihn im Amt bestätigen sollen.

Demokratische Wahlen sind eine wunderbare Errungenschaft. Es wäre aber fatal, würden sich die Politikerinnen und Politiker zu sehr nach der Wählergunst ausrichten. Aus diesem Grund ist eine Volkswahl des Bundesrats keine gute Idee. Gerade Bundesräte müssen der Sache verpflichtet arbeiten können und auch unpopuläre Themen anpacken. Sie stehen in der Verantwortung, trotz anspruchsvollem Tagesgeschäft den Blick aufs große Ganze zu bewahren und mit einer »Langfristoptik« besonnene Entscheidungen zu fällen.

Was meine ich damit? Es ist unbestritten, dass die Technologie heute ungeahnte Möglichkeiten bietet. Gleichzeitig neigen sich viele natürliche Ressourcen allmählich dem Ende zu, das Klima leidet unter unserem Rohstoffverbrauch und unserer grenzenlosen Mobilität. Die Wirtschaft hat sich festgerannt mit ihrem Wachstumsmantra. Ihr Fokus ist darauf ausgerichtet, neue Produkte für neue Bedürfnisse zu schaffen, damit die Angestellten mit ihren Löhnen möglichst viel konsumieren. Das hat bis heute ganz gut funktioniert, aber die Frage stellt sich dringlicher denn je, ob es auch eine gute Idee für die nächsten Jahrzehnte ist. Unbegrenztes Wachstum ist – gerade angesichts der beschränkten Ressourcen – eine sehr problematische Strategie.

Das Kernelement des wirtschaftlichen Kreislaufs ist der Konsum. Erst durch den Konsum erhält die Produktion von weiteren Gütern ihren Sinn, erst der Konsum legitimiert es, den Angestellten Lohn zu zahlen, auf dass sie diesen für weitere Produkte ausgeben. Nennen wir diesen Konsum für einen Moment Investition, handelt es sich doch um Geld, das durch Konsum wieder in den Wirtschaftskreislauf fließt. Und schauen wir uns an, welche Investitionsmöglichkeiten wir heute haben:

– Investitionen in alltägliche Haushaltartikel wie Nahrung, Kleider, Schmuck, Möbel, Elektronik,
– private Investitionen größerer Art wie Auto, Wohnung, Haus, Versicherung, Ferien,
– Investitionen von Unternehmen,
– Investitionen der öffentlichen Hand.

Noch nie war so viel Bargeld im Umlauf wie heute. Stellen wir uns nun vor, dass ein beträchtlicher Teil der Investitionen sich vom Privatkonsum verschieben würde in Richtung Infrastruktur und Forschung, dann würde deutlich mehr Geld in die reale Wirtschaft statt in die virtuelle, ultrakurzfristige, auf Geldvermehrung ausgerichtete Finanzwirtschaft fließen, die Beschäftigungsquote bliebe hoch.

Aus verantwortungsbewusster, makroökonomischer Sicht ist es klar, dass eine neue, der Nachhaltigkeit verpflichtete Konsumform entstehen muss und wird. Die individuellen Ausgaben werden sich zunehmend auf Produkte und Dienstleistungen konzentrieren, die der Allgemeinheit zumindest nicht schaden. Kleider, die unter fairen Bedingungen hergestellt und transportiert wurden, Spielzeug aus wiederverwertbaren Materialien, saisongerechte Bionahrungsmittel aus der Region, Hybridautos und Car-Sharing sind nur ein paar Stichworte für zukunftsträchtige Angebote.

Zahlreiche Beispiele zeigen, dass immer mehr Menschen Wert darauf legen, ihre Kaufkraft in den Dienst einer guten Sache zu stellen und abends nach der persönlichen Schlafzimmerbuchhaltung mit einem guten Gewissen einzuschlafen. Es ist noch kein Megatrend, aber eine Bewegung, die laufend an Anhängern und dadurch an Kraft gewinnt.

Was die politischen Institutionen betrifft, ist wenig Weitsicht zu erkennen. Die Bildung der EU und der gemeinsamen Währung Euro war ein beispielloser Kraftakt, der jahrzehntelange Anstrengungen benötigte. Er war nur möglich dank mutigen und visionären Politikern, die über die Landesgrenzen und über den Horizont ihrer Amtszeit hinausdachten. In der gegenwärtigen Krise, die wesentlich durch den Wachstumswahn und die daraus resultierende Verschuldung entstanden ist, wird die Idee der Gemeinschaftswährung auf eine harte Probe gestellt. Aus wirtschaftlicher Sicht ist es naheliegend, dass sich jeder Staat wieder vermehrt aufs eigene Wohlergehen konzentriert und die übergeordnete Vision als Bürde taxiert.

Das Gleiche gilt für ökologische und soziale Aspekte in der Unternehmensführung. Wer sollte, gerade in schwierigen Zeiten, für die Einhaltung sozialer Standards und deren Verbesserung Gewähr leisten, wenn nicht die Politik? Etwa indem sie die Wirtschaft verpflichtet, Transparenz herzustellen in Sachen Produktionsort, Transportwege und Ressourcenverbrauch.

Es braucht supranationale Gebilde, die hier Standards setzen und überwachen können. Und es braucht mehr denn je verantwortungsvolle Konsumenten, die mit ihren Kaufentscheidungen die richtigen Anreize setzen.

Man kann sich fragen: Wie weit sind wir heute auf dem Weg zu verantwortungsvollem Konsum? Über weite Strecken verhalten wir uns noch immer so, als kämen die Produkte, die wir kaufen, aus einem Zauberhut und als seien die Ressourcen unendlich. Nehmen wir unseren Umgang mit Wasser. Wasser ist für uns hier im Westen eine Selbstverständlichkeit, und es scheint, als gebe es ein Menschenrecht auf unlimitierten Gratis-Wasserverbrauch. Wir verstehen nicht, was Wasser ist, und wir erkennen den Wert einer Sache nicht, solange sie noch nicht knapp ist.

Ich fürchte, in ein paar Jahrzehnten wird die Gesellschaft auseinanderfallen in Regionen, die Wasser haben, und in solche, die keines haben – auch hier in Europa. Das wird nicht ohne Kriege gehen. Schon heute gibt es viele Konflikte rund ums Wasser. Noch ist die Lage nicht dramatisch, aber wenn die obere Hälfte der Sanduhr einmal fast leer ist, verrinnt die Zeit, die zum Handeln bleibt, enorm schnell. Und der Preis für Wasser wird steigen.

Für jede Brille, jeden Computer, jedes Stück Fleisch und jedes T-Shirt, das wir konsumieren, werden Unmengen von Wasser benötigt. Weltweit entfallen rund 65 Prozent des Wasserverbrauchs auf die Landwirtschaft, rund 20 Prozent auf die Industrie, der Rest auf den Privatgebrauch, nur etwa 3 Prozent aufs Trinkwasser. Wie viele Wassermoleküle sind zwischen 1800 und heute verloren gegangen? Kein einziges! Jedes H_2O-Molekül bleibt in unserer Atmosphäre erhalten.

Es ist nicht so, dass wir zu wenig Wasser hätten, aber es ist schlecht verteilt und wird teilweise für die falschen Dinge eingesetzt. Ein Beispiel aus meiner Branche: Für die Baumwollproduktion wird unglaublich viel Wasser verbraucht – auch in Gegenden, wo die Menschen teilweise hungern wegen Ernteausfällen. Switcher war eines der ersten Unternehmen, die die Max-Havelaar-Zertifizierung erwarben. Das Label garantiert den Pflückern eine gewisse Stabilität bezüglich Baumwollpreis und Lohn, damit sie nicht existenziell unter jeder Laune der

Märkte leiden. Dann haben wir in Biobaumwolle investiert. Während dreier Jahre bedeutete das Produktivitätseinbußen von bis zu siebzig Prozent, dafür konnten die Pestizide eliminiert werden. Durch genetisch verändertes Saatgut wurde es – bei aller Problematik der Gentechnologie – möglich, die Pflanzen immun zu machen gegen Schädlinge. Das sind viele kleine Fortschritte, die aber nichts daran ändern, dass der Wasserverbrauch gigantisch ist. Es ist nicht zu verantworten, auf Dauer im großen Stil Baumwollprodukte herzustellen.

Welches sind die Alternativen? Es gibt bessere Materialien heute, zum Beispiel rezyklierbare Mikrofasern. Ein Mikrofaser-Shirt wiegt 80 Gramm statt 250 Gramm wie ein Baumwoll-Shirt. Es trocknet schnell, muss nicht gebügelt werden und braucht weniger Platz. Das klingt vielleicht unspektakulär, aber es hat weitreichende Folgen über die Wassereinsparung bei der Produktion hinaus: Unsere Reisekoffer werden dadurch kleiner und leichter, wodurch die Fluggesellschaften sehr viel Kerosin einsparen können.

Es stimmt, dass dadurch auch Tausende von Baumwollpflückern ihren Job verlieren, aber es braucht heute auch weniger Schriftsetzer und mehr Computerspezialisten als vor 25 Jahren. Die Baumwollpflücker von heute könnten morgen Kartoffeln und andere Nahrungsmittel anbauen und ernten. Die Nachfrage nach Nahrung wird massiv zunehmen in den nächsten zwanzig Jahren, entsprechend brauchen wir mehr Fläche, auf der wir Getreide, Kartoffeln und Reis anbauen können. Und es wird viel Wasser brauchen dafür. Auch für andere Primärmaterialien gilt: Wenn wir bald einmal elf Milliarden Menschen sind – unsere Enkel dürften das nach Uno-Prognosen erleben –, müssen wir uns im Verbrauch und in der Mobilität einschränken, anders geht es nicht. Ich glaube, es würde helfen, wenn wir lernten, uns als Familie zu sehen und die natürlichen Ressourcen als Vorräte im Keller. Dann ist klar, dass wir mit den Vorräten im Keller auskommen, dass wir sie einteilen müssen.

Es braucht dafür nicht eine Flut von Verboten, sondern eine Politik, die durch clevere Anreize das Verhalten beeinflusst und in die richtigen Bahnen lenkt. Ein Beispiel: Wenn ich heute eine neue Küche in mein Haus baue und mich für eine edle Aluminium-Abdeckung entscheide, dann habe ich keine Ahnung, was das für ein Aluminium ist – es kann »first extraction«-Aluminium sein, das den Raubbau an unseren Ressourcen beschleunigt, es kann aber auch Aluminium sein, das durch Recycling gewonnen wurde. Warum muss mich der Hersteller oder Wiederverkäufer nicht einmal darüber informieren? Warum findet sich seine Signatur nicht auf meiner Küchenabdeckung? Warum weiß ich nichts über die Herkunft des Materials, nichts von den Menschen, die es gewonnen und geformt haben?

Es wäre eine Aufgabe der Politik, hier für mehr Transparenz zu sorgen. Und ich würde sogar einen Schritt weitergehen und sagen: Die Politik sollte die Firma, die auf rezykliertes Aluminium setzt, belohnen, durch Steuererleichterungen oder ein anderes Instrument. Subventionen sind wie Drogen, wird man mir entgegnen, sie schaffen Abhängigkeit. Wenn man die Anreize clever gestaltet, muss das nicht passieren. In Paris erhielten Taxichauffeure 700 Euro von der Regierung, wenn sie sich für ein Auto mit Hybridantrieb entschieden. Das kurbelte die Nachfrage nach Hybridwagen so stark an, dass die Regierung den Bonus inzwischen wieder streichen konnte.

Es braucht smarte Belohnungen für ökologisches Verhalten und Strafen für offensichtlich destruktives Verhalten. Das eine kann allerdings nur vom anderen unterschieden werden, wenn wir die Transparenz auf ein neues Niveau heben. Auch dafür braucht es – nebst kritischen Konsumenten – politische Auflagen. Viele Konzerne bezahlen heute Unsummen für manipulative Kommunikation, also Werbung. Damit gewinnen sie Marktanteile, vielleicht neue Kunden. Glaubwürdigkeit ist auf diesem Weg aber nicht zu gewinnen, das gelingt nur über transparente Information.

Wenn wir aus dem Konsumrausch der letzten Jahre erwachen und uns den Herausforderungen der nächsten Jahrzehnte stellen, werden wir Glaubwürdigkeit viel höher gewichten als heute. Es gab zuletzt einige ermutigende Signale: In der Schweiz werden, dank politischem Willen, Wegwerfplastiksäcke künftig verboten sein. Hier in Lausanne werden die Abfallsäcke endlich auch gebührenpflichtig, was natürlich nicht ohne Protest und Theater klappt. Levi's will künftig

Jeans ohne toxische Materialien herstellen, und Apple verlagert einen Teil der Produktion aus Asien in die USA. Das alles zeigt: Immer mehr Menschen werden sich bewusst, dass unsere Produkte nicht einfach vom Himmel fallen. Und dass sie sich nicht in Luft auflösen, wenn wir sie nicht mehr brauchen.

Es kommt also etwas in Bewegung, aber wir wollen noch nicht akzeptieren, dass es schmerzhafte Einschnitte braucht. Wir optimieren im Kleinen, aber das wird nicht ausreichen. Die Großwetterlage sieht so aus: Seit 1986 verbrauchen wir jährlich mehr Ressourcen, als die Erde bereithält, derzeit anderthalbmal so viel, bis 2030 dürfte es doppelt so viel sein. Würden heute alle so viele Ressourcen verbrauchen wie ein durchschnittlicher US-Amerikaner, bräuchten wir fünf Erden, um unser Fortbestehen zu sichern. Das ist noch nicht der Fall, aber die Bevölkerung nimmt rasch zu, aufstrebende Märkte wollen möglichst schnell das Wohlstandsniveau der Europäer und Amerikaner erreichen, der Energiebedarf wächst exponentiell.

Wer mit ein wenig Vernunft begabt ist, erkennt die Fakten leicht. Die Lage entspannt sich nur, wenn wir weniger arbeiten, weniger reisen und weniger konsumieren.

Wo sind die Politiker, die Verantwortungsgefühl genug haben, diese unangenehme Botschaft auszusprechen? Die sich nicht von fehlenden Budgets und geringem politischem Spielraum einschüchtern lassen? Wir strampeln alle wie wild in unserer kleinen Blase und versuchen verzweifelt, den Wirtschaftsmotor am Laufen zu halten – koste es, was es wolle.

Und unseren Kindern, deren Vermögen wir verschleudern, indem wir uns in ungeheuerlichem Ausmaß verschulden, bringen wir bei: »Du musst dich noch mehr anstrengen, noch mehr arbeiten, um viel Geld zu verdienen. Nur so erreichst du Sicherheit und Ansehen.« Als bräuchten wir am dringlichsten neue Rädchen in einer gigantischen Maschine, die mit Höchsttempo auf den Abgrund zufährt.

Ist es wirklich diese Botschaft, die wir unseren Kindern mit auf den Weg geben wollen? Stellen wir uns vor, wir halten einen Moment in unserer Geschäftstüchtigkeit inne, stoppen alles und kümmern uns alle um die Kinder zwischen einem und zwanzig Jahren. Wäre es dann unser vorrangiges Ziel, dass sie im Alter von 20 oder 25 Jahren bei einem Unternehmen unterkommen, bei dem sie ein Maximum verdienen? Oder käme es primär darauf an, dass sie die Welt verstehen, in der sie leben, und einen Beitrag dazu leisten, dass auch ihre Urenkel noch lebenswerte Bedingungen vorfinden werden?

Wir versuchen, das 21. Jahrhundert mit den Tugenden des 20. Jahrhunderts zu bestreiten. Das 20. Jahrhundert war das Jahrhundert der Innovation und der Produktivität. Europa und die USA waren die Zentren des Fortschritts. Was in harter Arbeit erschaffen worden war, wurde durch Mobilität und Konsum belohnt.

Gemessen am Wohlstandsniveau, das wir am Ende des 20. Jahrhunderts erreicht hatten, lebten wir im Paradies. Nun werden wir bedrängt im Paradies von den Bewohnern anderer

75

Kontinente, die ebenfalls Wohlstand und Konsum anstreben. Das verunsichert uns und macht uns Angst. Wie so oft führt die Angst zu falschen Aktionen: Wir suchen das Heil in einer weiteren Steigerung der Produktivität und des Konsums. Wir leihen uns Geld aus der Zukunft, um die Illusion des Wachstums aufrechtzuerhalten, weil wir glauben, ohne permanentes Wachstum breche alles in sich zusammen.

Was wir bräuchten, ist nicht pausenloses Wachstum, sondern die Fähigkeit, in anderen Dimensionen zu denken und auch Wachstumspausen zu verkraften. Wenn wir in einigen Generationen zehn oder elf Milliarden sind, müssen wir unser Zusammenleben anders organisieren. Dann kann nicht jeder auf der grünen Wiese sein Einfamilienhaus bauen und zwei bis drei Autos in der Garage stehen haben. Wir werden nicht umhinkommen, unser Leben stärker an allgemeinen Interessen auszurichten, enger zusammenzurücken – konkret in der Art und Weise, wie wir wohnen, aber auch im übertragenen Sinn, im Sinne der Solidarität. Wenn wir so weiterfahren, sind wir in dreißig bis fünfzig Jahren verloren. Nur wenn wir freiwillig auf Wohlstand verzichten, wird es uns auch dann noch gut gehen.

Eines der größten heutigen Probleme ist die Jugendarbeitslosigkeit in vielen europäischen Ländern, und es wird sich in Zukunft noch verschärfen. Aufgrund des technologischen Fortschritts kommen heute ganze Unternehmensbereiche praktisch ohne menschliche Arbeitskraft aus. Wir sind zum Opfer unserer eigenen Produktivitätssteigerungen geworden, haben uns quasi selber wegrationalisiert. Das Problem wäre relativ einfach zu lösen: Wie schon gesagt, wenn vier Personen ihr Pensum von hundert auf achtzig Prozent reduzieren, wird eine Stelle für eine fünfte Person frei.

Warum sind wir nicht bereit zu diesem Schritt? Ich fürchte, es hat mit dem zu tun, was ich vorhin Konsumrausch genannt habe. Man könnte auch von Überkonsum sprechen. Wir definieren uns einseitig über unsere Kaufkraft und kaufen lauter Dinge, die wir nicht brauchen, weil wir der Illusion erliegen, wir würden glücklicher dadurch.

Der tschechische Ökonom Tomáš Sedláček erinnert in seinem Buch »Die Ökonomie von Gut und Böse« daran, dass schon Adam und Eva unzufrieden waren mit ihrem Besitzstand, obwohl sie im Paradies lebten – und deshalb den verbotenen Apfel konsumierten. Auch wir Nachgeborenen strampeln uns ab im Hamsterrad unseres Paradieses. Weil wir keine Alternative zu Wachstum und Konsum sehen, halten wir die Wirtschaft mit künstlich erzeugter Nachfrage und sinnlosem Konsum am Laufen. Sedláček weist darauf hin, dass wir es uns leisten könnten, bloß ein Drittel so viel zu arbeiten wie heute – wenn wir uns mit dem Einkommensniveau von 1990 zufriedengeben würden, was im weltweiten Vergleich immer noch Spitzenklasse wäre. Wir setzen aber alles daran, durch Auspressen der letzten verfügbaren Ressourcen unser Wohlstandsniveau weiter zu steigern, auch wenn das mittelfristig allen schadet. Wir sind gefangen im Wachstumsteufelskreis.

Das führt dazu, dass in einem wohlstandsverwöhnten Land wie der Schweiz die Mittelschicht, gemessen am rasch wachsenden Wohlstand der Superreichen, immer kleiner und immer ärmer wird. Mangels anderer Werte dominiert Geld als Gradmesser, was naturgemäß die Unzufriedenheit erhöht. Es ist augenfällig, dass gerade die Superreichen ihr Unbehagen abzubauen versuchen, indem sie enorme Summen spenden. Bill Gates und Warren Buffett haben vor zwei Jahren vierzig US-Milliardäre überredet, mindestens fünfzig Prozent ihres Vermögens für gemeinnützige Projekte zu spenden. So kamen rund hundert Milliarden US-Dollar zusammen. Warren Buffett selber spendete gar neunzig Prozent seines Vermögens, ein südkoreanischer Milliardär alles bis auf eine Million Dollar.

Das ist erfreulich, aber es bräuchte auch politische Entscheidungen, die für gesündere Strukturen sorgen. Wenn wir im Jahr 2100 gemäß Uno-Schätzungen elf Milliarden sein werden, muss das Geld grundsätzlich anders verteilt werden. Dann ist es nicht mehr legitim, dass betuchte Erben die Erbschaftssteuer umgehen können. Keine Steuern zu bezahlen auf einen Kapitalgewinn, soll möglichst bald so undenkbar sein, wie ohne Sicherheitsgurt Auto zu fahren. Es braucht Gegensteuer gegen die von Wertschöpfung losgekoppelte Geldvermehrung.

Es ist wohl nicht realistisch, dass wir in naher Zukunft nur noch ein Drittel des heutigen Pensums arbeiten, aber was spricht dagegen, dass wir unser Pensum um ein Fünftel reduzieren?

Stellen wir uns vor: Diese fünf Finger an meiner linken Hand repräsentieren unser derzeitiges Arbeitspensum; fünf Wochentage. Die zwei Finger an der rechten Hand stehen für zwei Frei-Tage. Wenn wir nun an der linken Hand einen Finger einbiegen und an der rechten Hand einen zusätzlichen aufstrecken, was ist die Folge: Wir gewinnen fünfzig Prozent Freizeit. Und wir verlieren nur ein Fünftel Beschäftigung und Lohn. Die Erfahrung zeigt: Wer achtzig Prozent angestellt ist, leistet mindestens neunzig Prozent. Und er verbessert die Atmosphäre im Unternehmen, weil er entweder schon am Donnerstagabend gut gelaunt ins Wochenende geht oder unter der Woche einen freien Tag beziehen kann. Weniger zu arbeiten, würde unsere Lebensqualität und die unserer Mitmenschen erhöhen. Aber wie reagieren die Leute, denen ich das vorschlage? Sie fragen mich, was sie denn an ihrem freien Tag machen sollen. So stark definieren wir uns über die Erwerbsarbeit!

Die Befürworter der Wachstumspolitik argumentieren, ein Verzicht auf Wachstum sei nicht zu verantworten, weil dies der Wirtschaft den Motor abstellen und der Gesellschaft schaden würde. Ich glaube, die Medizin, die wir dem Wirtschaftssystem seit Jahren verabreichen, macht den Patienten nicht gesund, sondern abhängig – bei beängstigender Toleranzentwicklung. Wenn wir nicht bereit sind, Geld und Arbeit neu zu verteilen, kollabiert das System relativ bald. Es gibt kein endloses Wachstum, weder in der Natur noch in der Ökonomie, entsprechend ist es dumm, alles darauf auszurichten und uns davon abhängig zu machen. Der auf Wachstum ausgerichtete Kapitalismus stößt an seine Grenzen. Erstens weil wir ein Wohlstandsniveau erreicht haben, das kaum mehr auf sinnvolle Weise gesteigert werden kann; zweitens weil wir zu seiner Erhaltung unsere Lebensgrundlage zerstören. Es geht deshalb nicht ohne Reduktion der Arbeitspensen und Konsumverzicht. Beides verunsichert uns zutiefst.

Dabei muss es uns nicht unglücklich machen. Wir gewinnen Muße und Sinn, weil wir dadurch solidarischer werden. Im Wachstumskapitalismus will jeder sich allein verwirklichen – und jeder hat Angst, den Anschluss zu verlieren oder etwas vom hart erarbeiteten Wohlstand abgeben zu müssen.

Es kann befreiend sein, wenn wir uns eingestehen, dass wir alle im gleichen Boot sitzen, dass die wirklich wichtigen Herausforderungen nur gemeinsam zu bewältigen sind. Wir brauchen keine Spezialparkplätze oder Skiliftzugänge für die Reichen, sondern kollektive, solidarische Projekte. Und griffige Anreize dafür. In London zahlt man 25 Pfund, wenn man partout mit dem Auto in die Stadt fahren will; in Singapur müssen Lenker, die allein im Auto unterwegs sind, eine spezielle Spur benutzen und mehr Stau in Kauf nehmen. Teilen und Solidarität sollen belohnt werden, nicht Kaufkraft und Vermögen. Dazu gehört auch die Einsicht, dass übermäßige Gewinne immer irgendwo Verlierer erzeugen.

Es ist klar, die meisten global aufgestellten Unternehmen profitieren von den großen Lohn- und Kaufkraftunterschieden zwischen den verschiedenen Kontinenten. Auch Switcher produzierte einen Großteil für den europäischen Markt in Indien – und zwar, weil es schlicht praktisch keine Textilproduktion mehr gibt in Europa.

Wichtig ist erstens, unter welchen Umständen man in Billiglohnländern produziert, ob man die teilweise prekären Arbeits- und Lebensbedingungen verschärft oder etwas dagegen tut. Auch hier braucht es mehr Transparenz.

Zweitens sollten alle Branchen mehr in die Produktion von Dingen mit längerer Lebensdauer und höherem Nutzwert investieren. Muss ich wirklich hundert Shirts à zehn Franken verkaufen, oder wäre es sinnvoller, fünfzig unverwüstliche Shirts à zwanzig Franken abzusetzen? Der Ertrag ist derselbe, die Auswirkungen auf die Umwelt sind aber ganz andere.

Drittens wird regionale Nähe wieder wichtiger. Einerseits verkürzt es die Transportwege, wenn wir wieder einen guten Anteil in Europa statt in Fernost produzieren. Andererseits sollten wir vermeiden, dass wichtige Fertigkeiten sich auf ganz wenige Orte konzentrieren. Es braucht gutes Handwerk und auch industrielle Produktion in der Schweiz. Diese Strukturen können aber nur überleben, wenn ich meine beschädigten 300-Franken-Lederstiefel nicht einfach wegwerfe und durch ein neues Paar ersetze, sondern sie beim Schuhmacher flicken lasse. Das kostet vielleicht achtzig Franken, zehn Franken Materialkosten und siebzig Franken Lohn für den Schuhmacher. Wenn ich für achtzig Franken billige Stiefel bei einem Schuhdiscounter kaufe, entfallen davon vielleicht zehn, maximal zwanzig Franken auf Material und Lohn für den Produzenten, alles andere fließt in die Bereiche Transport, Steuer, Marketing, Ladenmiete und Verkaufspersonal.

Mit Switcher habe ich einen guten Teil der Produktion wieder nach Portugal zurückgeholt. Ich bin überzeugt, dass es auf allen Kontinenten einen gesunden Mix verschiedenster Tätigkeiten braucht. Natürlich ist es nicht realistisch, in der Schweiz Fabriken für die Einfärbung von Textilien zu bauen, die ließen sich niemals wirtschaftlich betreiben angesichts der Konkurrenz in Taiwan, China und Indien.

Aber warum nicht wieder eine Konfektion aufbauen in der Schweiz? Wenn die Verarbeitung der Textilien in China 25 Rappen pro Shirt kostet, würde sie in der Schweiz vielleicht fünf Franken pro Stück kosten. Das erhöht den Stückpreis von fünf auf zehn Franken, den Ladenpreis vielleicht auf 29 statt 19 Franken. Ich kann mir gut vorstellen, dass ein Teil der Kundschaft gern bereit wäre, einen solchen Aufpreis zu bezahlen für lokale Produktion und einen besseren Service. Zudem braucht ein Verkäufer weniger Marge, wenn er in der Nähe und »just in time« produzieren kann. Und er muss weniger oft wegen ungünstigen Lagerbestands Ausverkauf-Billigangebote lancieren.

Es braucht keine politischen Vorschriften in diese Richtung, aber die Politik sollte garantieren, dass die wichtigen Faktoren mess- und sichtbar werden. Kein Mensch würde bei Olympischen Spielen mitfiebern, wenn es weder Zeitmessung noch Dopingkontrolle gäbe. Der globale Wirtschafts-wettkampf dagegen findet derzeit fast ohne Regeln statt. Als Konsumenten sind wir nicht nur seine Zuschauer, sondern wir nehmen durch unsere Kaufentscheide direkt Einfluss auf den Ausgang. Wir könnten das viel gezielter tun, wenn es leicht verständliche Spielregen gäbe.

Immer wieder werde ich gefragt, ob der Konsument dazu überhaupt bereit ist, ob er wirklich die Schiedsrichterrolle im globalen Wirtschaftswettbewerb spielen will oder ob er nicht ausschließlich auf seinen eigenen Profit aus ist. Viele Konsu-menten wissen zwar nicht genau, was sie wollen, aber sie wissen sehr genau, was sie keinesfalls wollen. Es ist eine Mischung aus Gedankenlosigkeit und schlechtem Informationsstand, der uns dazu bringt, falsche Kaufentscheidungen zu treffen. Und wie schon erwähnt, bringt es auf Dauer wenig Zufriedenheit, wenn wir irgendwo im Ausverkauf ein Schnäppchen erstehen, das unter zweifelhaften Bedingungen hergestellt worden ist.

Wenn wir uns abends ins Bett legen, müssen wir uns nicht fragen, wie wir unsere Grundbedürfnisse befriedigen können. Deswegen rückt eine andere Frage ins Zentrum: Können wir mit gutem Gewissen einschlafen? Nehmen wir an, einer Mehrheit ist daran gelegen, abends mit gutem Gewissen ein-zuschlafen. Dann sollten wir diese Mehrheit in die Lage ver-setzen, sich ein von teuren Werbekampagnen unabhängiges Bild zu machen.

5 Nur durchsichtige Firmen haben Zukunft
oder
Weshalb Transparenz und Rückverfolgbarkeit so wichtig sind

»Ein verantwortungsvolles Unternehmen muss folgende drei Fragen beantworten können, bevor es ein Produkt auf den Markt bringt: Warum braucht es dieses Produkt? Wie wird dieses Produkt hergestellt? Und: Wo wird dieses Produkt hergestellt?«

Wir leben im Informationszeitalter, wir können alles wissen über jeden Winkel dieser Welt, aber wir wissen praktisch nichts über die Produkte in unserer unmittelbaren Umgebung. Fortschrittliche Unternehmen informieren ihre Kunden so, dass sie im Bild sind über die Art und Weise, wie ihre Produkte entstanden sind. Kunden, die mehr verstehen, fällen bessere Kaufentscheide. Die große Herausforderung ist, die wichtigen Informationen so einfach wie möglich zu vermitteln.

Heute orientieren sich die meisten Menschen primär am Preis, vielleicht noch an der Marke eines Produkts. Sie haben keine Ahnung, wer das Produkt unter welchen Arbeitsbedingungen hergestellt und transportiert hat und wie viel Energie dabei verbraucht worden ist, sprich: wie es um seine Ökobilanz steht. Mir schwebt ein einfaches System vor, ein Ampelsystem mit den Farben Grün, Orange und Rot. So könnten Kunden – zum Beispiel – weiterhin mitten im Winter Kirschen aus Tasmanien beim Großverteiler kaufen, aber ein roter Punkt auf jeder Packung würde gut sichtbar darauf hinweisen, dass sehr viel Kerosin verbraucht wurde, um das zu ermöglichen. Auf den Erdbeeren aus Spanien, die schon Anfang März in unseren Regalen stehen, könnte ein oranger Punkt kleben, der jeden Käufer daran erinnern würde, dass es sinnvoller wäre, auf die Schweizer Ernte im Sommer zu warten. Nicht nur bei Lebensmitteln, bei allen Produkten, die wir kaufen, sollte der Kunde sofort sehen, wie viel Energie die Herstellung verschlang, wie es um die Ökobilanz steht.

Natürlich kann man sich die Frage stellen, wie viele Konsumenten sich für solche Dinge interessieren. Aber kann es einem Kunden wirklich egal sein, ob sein Turnschuh, den er für 100 oder 200 Franken kauft, für 10 oder 20 Franken unter schrecklichen Bedingungen produziert worden ist? Manchen ist das vielleicht egal, aber die meisten Kunden wollen mit ihren Kaufentscheiden keine Missstände unterstützen. Als Unternehmer trage ich hier Verantwortung. Ich will niemanden ausnutzen, und ich will, dass unsere Kunden Einblick haben in die Art und Weise, wie unsere Produkte entstehen. Deswegen gilt für uns bei Switcher die Maxime: Ein verantwortungsvolles Unternehmen muss folgende drei Fragen beantworten können, bevor es ein Produkt auf den Markt bringt: Warum braucht es dieses Produkt? Wie wird dieses Produkt hergestellt? Und: Wo wird dieses Produkt hergestellt? Wer den Nutzen, die sozialen und ökologischen Produktionsbedingungen und den Produktionsort angibt, teilt die wichtigsten Informationen mit seiner Kundschaft. Er versetzt den Kunden in die Lage, seine Macht sinnvoll einzusetzen.

Leider geht die Entwicklung eher in die andere Richtung. In der EU müssen die Unternehmen teilweise nicht einmal mehr den Herkunftsort ihrer Produkte deklarieren. Das ist ein Rückschritt ins Steinzeitalter. Trotzdem glaube ich, dass Unternehmen, die ihre Lieferanten ausnutzen, auf Dauer bestraft werden. Es gibt viele Aktivisten, die gut vernetzt sind und den Unternehmen mit ihren Kampagnen Angst einjagen. Wenn Aktivisten einen Giganten wie Nike beschuldigen, Zehntausende von Menschen auszubeuten, dann lässt das die Nike-Manager nicht kalt, denn ein Reputationsschaden kann viel Geld kosten. Nike hat seither vieles verbessert.

Die Hauptfrage ist, ob ein Unternehmen immer erst unter Druck und aus Angst etwas unternimmt oder ob es eine Pionierrolle einnehmen will. Wenn es erst unter Druck reagiert, ist es oft zu spät, wie das Beispiel des durch den Pferdefleischskandal in die Schlagzeilen geratenen französischen Unternehmens Spanghero zeigt.

Angst ist vermutlich der größte Motivator. Wenn es nach mir ginge, dann dürften Produkte von Unternehmen, die auf die oben genannten drei Fragen keine detaillierten Antworten haben, gar nicht mehr verkauft werden – so wie kein Auto ohne Nummernschild auf der Straße fahren darf. Aber es ist klar: Wenn ein Unternehmen wie Apple dreizehn Milliarden Dollar in einem Quartal macht, dann gibt es keinen großen Druck, die Arbeitsbedingungen zu verbessern oder ökologischere Materialien einzusetzen – da interessiert sich der CEO mehr für die neuen Vorschläge seiner Designer als für die mahnenden Worte des Verantwortlichen für Corporate Social Responsability. Ein Großteil der Kreativität und Energie wird in die Effizienz und das Design der nächsten Gerätegeneration investiert. So erreicht Apple heute maximalen Absatz.

Ich bin mir aber nicht sicher, ob das in zwanzig Jahren noch nach diesem Modell funktionieren wird. Bis dann werden die Fragen nach der Nachhaltigkeit solchen Wirtschaftens lauter gestellt. Fragen wie: Wie viel Elektrizität und Wasser braucht es, um ein MacBook herzustellen? Wie kann man diese Werte senken? Verwendet Apple »first extraction«-Aluminium oder rezykliertes Aluminium? Das möchte der Endverbraucher in naher Zukunft wissen. Auch ob Apple weiterhin auf Partner in der Wertschöpfungskette setzt, die für schlechte Arbeitsbedingungen und hohe Suizidraten bekannt sind.

Obwohl solche Fragen heute schon diskutiert werden, kaufen die Kunden vorerst weiterhin Apple-Produkte. Auch ich nutze ein iPhone, ein iPad und ein MacBook, und zwar, weil Apple-Produkte den großen Vorteil haben, dass sie auch für Laien und Chaoten wie mich intuitiv leicht bedienbar sind. Aber wenn Apple nicht reagiert und ein anderer Anbieter ein vergleichbares Produkt mit einer besseren Ökobilanz anbietet, werden viele Fans wechseln. Entscheidend ist doch, dass der Kunde nicht nur Preis und Produkteigenschaften vergleichen kann, sondern auch die Geschichte hinter den Produkten kennt. Ich verliere zum Beispiel dauernd meine Lesebrillen. Jetzt habe ich mir wieder am Flughafen eine neue gekauft, aber ich weiß nichts über diese Brille, nichts, außer dass sie billig war.

Oder dieser Teebeutel da in meiner Tasse. Warum sagt er mir nichts? Ich möchte seine Geschichte kennen, möchte, dass er zu mir redet. Wer hat den Tee geerntet? Aus welchem Material ist der Beutel? Ist es Nylon aus Indien oder Biobaumwolle aus Langenthal? Wer verdient damit wie viel Geld, und was macht er damit? Ich habe nichts dagegen, wenn jemand damit eine hohe Marge erzielt, aber ich möchte wissen, wie sie zustande kommt und was mit dem Geld passiert.

Das ist viel verlangt, ich weiß. In der EU ist ja schon der Versuch, ein Ampelsystem einzuführen zur Kennzeichnung von Nahrungsmitteln mit hohem Fett- und Zuckergehalt, am Widerstand der Konzerne gescheitert. Ich bin mir allerdings nicht sicher, ob die Argumente, die sie ins Feld führen, die wirklichen Gründe für ihre Abwehrhaltung sind. Viele Unternehmen fürchten sich noch vor zu viel Transparenz. Bei Switcher zeigen wir alles: wo wir unsere Rohstoffe beziehen, wie die Textilien eingefärbt und verarbeitet werden, wie sie nach Europa kommen. Wir haben nichts zu verstecken — warum also sollten wir unseren Kunden gegenüber verheimlichen, wie die

Produkte hergestellt werden, die sie kaufen? Es braucht noch Zeit, bis die Rückverfolgbarkeit zum Standard wird. Früher konnte man sich auch nicht vorstellen, dass sich im Auto alle angurten oder dass in Restaurants nicht mehr geraucht wird. Es sind ökonomische Überlegungen, die solche Veränderungen herbeiführen. Der Preis, den die Gesellschaft für unangegurtetes Autofahren oder permanentes (Passiv-)Rauchen zahlte, war einfach zu hoch. Allmählich verbreitet sich die Einsicht, dass die Kosten in der globalisierten Wirtschaft vielerorts auch zu hoch sind. Wenn einzelne Partner in der Wertschöpfungskette ihre Angestellten zu schlecht bezahlen oder die Umwelt übermäßig belasten, richtet das nicht nur auf dieser Stufe Schaden an, sondern es macht jedes Glied der Kette schwächer und birgt ein großes Risiko für den Endverkäufer.

Das Ziel müsste doch sein, dass möglichst viele »smiling products« auf dem Markt sind. Produkte, bei deren Herstellung bei allen Partnern in der Wertschöpfungskette das Geschäft gut läuft und die wichtigsten Standards eingehalten werden. Es ist ein gutes Zeichen, dass es vor vielen Apple-Stores Kundgebungen von Fans gab, die ein »ethical iPhone« forderten. Nicht von Aktivisten, die etwas bekämpften, sondern von Fans, die ihre Marke lieben und verlangen, dass sie das mit gutem Gewissen tun können.

Wer definiert die Standards für »smiling products«? Als Textilunternehmer beschäftige ich mich seit über zwanzig Jahren mit solchen Fragen. In Indien, dem Zentrum der Baumwollverarbeitung und des Textilhandwerks, habe ich mir vom ersten Tag an die Frage gestellt, wie man es als Europäer verantworten kann, an einem Ort Geschäfte zu machen, wo es kaum sauberes Wasser und viel zu wenig Schulen gibt. Wir haben Schulen und Wasseraufbereitungsanlagen gebaut, sind gemeinsam mit unserem indischen Partnerbetrieb gewachsen. Vor einiger Zeit haben wir uns zusammengetan.

Im April 2006 habe ich die Firma Product DNA gegründet und die Plattform respect-code.org lanciert, mit Switcher als erstem Kunden. Die Plattform erlaubt es, die einzelnen Produktionsschritte bei der Herstellung seines Textilprodukts im Detail zurückzuverfolgen. Die Gründe dafür liegen auf der Hand: Transparenz bedeutet eine Rechtfertigung des eigenen Tuns.

Wir haben nicht die Größe und nicht die Mittel, teure Marketingkampagnen für Switcher zu lancieren. Also haben wir uns gesagt: Wenn wir uns öffnen und alle Karten auf den Tisch legen, dann schafft das Vertrauen, und es gibt der Marke Switcher Glaubwürdigkeit – ein wertvolles Gut, das man nicht mit Marketing kaufen kann. Zudem sind durch die Transparenz alle unsere Partner mit in der Verantwortung. Wenn etwas schiefläuft in der Produktion, kann sich keiner verstecken.

Man sieht, woher die rohe Baumwolle kommt, wer sie gesponnen hat, wer sie eingefärbt und genäht hat, an welche ökologischen und sozialen Bedingungen jeder einzelne

Arbeitsschritt geknüpft war, welche Sicherheitsvorschriften eingehalten wurden, welche Transportwege gewählt wurden, um den CO_2-Ausstoß zu reduzieren – das gibt jedem Schritt mehr Gewicht und versetzt den Kunden in die Lage, sich nicht nur an Ästhetik und Preis zu orientieren, an den »hard facts«, wie man sagt, sondern unter der Oberfläche zu graben, tiefer zu schürfen, die »soft values« zu berücksichtigen. Natürlich bedeutet das einen Zusatzaufwand, aber die Befriedigung nach dem Erwerb eines guten Produkts ist dann auch höher, als wenn man in kurzer Zeit gedankenlos zwei Dutzend Sachen kauft. Das ist, wie wenn man zu Fuß einen Berg besteigt, statt einfach in der Bergbahn hochzufahren.

Eines meiner wichtigsten Projekte ist, ein Rückverfolgbarkeitssystem zu schaffen, von dem die einzelnen Player in der Wertschöpfungskette ebenso profitieren wie die großen Marken, die verlässliche Partner suchen. Es braucht Organisationen, zum Beispiel NGOs, welche die Kriterien definieren, Audits durchführen und Stichproben machen. Wer als Lieferant Teil des Systems werden will, zahlt einen kleinen Beitrag dafür und muss sich zertifizieren lassen, zum Beispiel vom Standard SA 8000 für soziales Verhalten, bei Oeko-Tex Standard oder bei unabhängigen Audit-Firmen oder Textilspezialisten wie der Fair Wear Foundation. Er profitiert aber ungleich mehr, weil er eine ganz andere Wahrnehmbarkeit erhält.

Man muss es den großen Unternehmen einfach machen, denn oft lautet ihre Ausrede: »Ein System der Rückverfolgbarkeit einzuführen, ist zu teuer und zu kompliziert.« Deswegen will ich unser Know-how allen zur Verfügung stellen, die in dieser Beziehung einen Schritt vorwärts machen wollen. Das ist viel besser, als allein über Verbote etwas verändern zu wollen oder mit erhobenem Zeigefinger auf andere zu deuten. Ich sehe das mit respect-code.org ähnlich wie mit dem World Wide Web: Wenn nur einige wenige Zugang haben, bringt es nicht viel. Je mehr Unternehmen den Respect-Code nutzen, desto effizienter wird das Angebot, desto mehr profitiert der Endverbraucher.

Ohne Druck geht es allerdings nicht, und leider üben die Konsumenten zurzeit noch zu wenig Druck aus. Wer kennt denn heute Instrumente wie den Respect-Code? Aber es gibt zum Glück eine rasch wachsende Anzahl von Menschen, die weniger konsumieren und mehr nachdenken. Es ist eine Illusion, zu glauben, mehr Konsum mache unser Leben reicher. Wir haben hier alles und von den meisten Dingen zu viel. Unsere Existenz wird reicher durch Beziehungen und durch ein höheres Bewusstsein.

Was in meinen Augen sehr wichtig ist für die Lebenszufriedenheit, ist die Schlafzimmerbuchhaltung am Abend jeden Tages, also die Frage, ob man mit einem guten Gewissen einschläft. Es ist gar nicht so einfach, sich diese Frage zu stellen, oft genug haben wir Angst davor oder sind so abgelenkt, dass die Schlafzimmerbuchhaltung ausfällt. Aber wenn wir uns darauf einlassen und ehrlich sind dabei, können wir uns auf die wichtigen Dinge besinnen und jeden Tag ein wenig besser unterwegs sein. Darum geht es doch: um den bestmöglichen Gebrauch unserer Ressourcen – der individuellen und derer, die uns allen gehören.

Wenn mir Firmenchefs sagen, sie könnten sich umwelt-freundlichere Produktionsbedingungen und Rückverfolgbar-keit nicht leisten, weil sie auf einem hart umkämpften Markt bestehen und möglichst günstig produzieren müssen, so halte ich das für eine Ausrede. Diese Kosten fallen wirklich nicht ins Gewicht. Wenn ein Hersteller für die Einfärbung von Texti-lien zwanzig Prozent mehr zahlt, damit die Umwelt und die involvierten Arbeitskräfte nicht übermäßig belastet werden, macht das vielleicht zwanzig oder dreißig Cent aus. Bei einem Ladenverkaufspreis von zwanzig Franken ist das immer noch eine gut tragbare Investition.

Es ist doch ein Skandal, dass viele Unternehmen so weiter-wirtschaften, als gäbe es keine Ressourcenknappheit und keine Gefahr durch unsere Umweltbelastung. So viele Unterneh-men sind in diesem Wachstumswahn gefangen und wollen immer mehr immer billiger produzieren. Als gäbe es diesen gigantischen Teppich aus Plastikmüll nicht auf dem Atlantik, als wäre es normal, für 500 Franken in die USA zu fliegen, um dort beim Shopping ein paar Schnäppchen zu machen. So-lange sich die Konsumenten über ihr Portemonnaie, ihre Kaufkraft, ihren Konsum definieren, geht das Spiel weiter. Warum haben wir alle ein eigenes Auto, das die meiste Zeit nur in der Garage steht? Oder hier, diese Segelschiffe im Hafen von Lausanne, wie oft fahren die Besitzer denn auf den See hinaus damit?

Nur einige Stunden pro Jahr wird so ein Schiff im Durchschnitt gebraucht. Es geht hier nicht ums Segeln, es geht um den Status. Stellen wir uns vor, diese Hunderte von Booten würden vermietet für fünfzig Franken pro halben Tag. Jeder, der segeln möchte, könnte sich das leisten, es entstünde ein Markt, gäbe neue Stellen, neues Leben hier am Strand. Stattdessen liegen hier lauter Statussymbole vor Anker, wenig gebrauchte Spielzeuge von Menschen, die lieber etwas besitzen, das sie kaum brauchen, statt etwas zu teilen.

Ist es sinnvoll, diese Art von Konsum weiter anzukurbeln? Wäre es nicht an der Zeit, dass Unternehmen vermehrt die Intelligenz und das Bewusstsein ihrer Kunden ansprechen und wertschätzen statt lediglich ihr Portemonnaie? In der Bretagne haben im Rahmen eines größeren Projekts fünfzig Schulklassen Plastik und anderen Abfall aus dem Atlantik gefischt, getrennt und entsorgt. Das ist eine hervorragende Investition in die Bildung dieser jungen Menschen, vielleicht werden sie nicht so sehr wie unsere Generation der Illusion erliegen, sie seien unsterblich und die Ressourcen unendlich.

Wenn alle Unternehmen einen Respect-Code zur Rückverfolgbarkeit hätten, gäbe es einen besseren Wettbewerb. Ein Unternehmen würde damit werben, dass zur Herstellung seines Produktes X nur zehn Liter Wasser benötigt werden. Der Chef eines anderen Unternehmens könnte entgegnen: »Nicht schlecht, wir konnten den Verbrauch dank der Zusammen-

arbeit mit Y kürzlich auf acht Liter senken.« Es wäre höchste
Zeit, dass sich ein solcher Wettbewerb in Energiefragen entwickelt, denn die Energiebilanz wird immer mehr zum Schlüs-
selfaktor. Über dreißig Millionen Switcher-Produkte enthal-
ten heute den Respect-Code, der Kunde kann sich im Detail
informieren. Im Moment profitieren erst wenige von dieser
Möglichkeit, weil die Kriterien zu wenig bekannt sind, aber
das wird sich bald ändern. Heute spielt der Wettbewerb leider
noch hauptsächlich in den Kategorien Preis und Ästhetik.
Das ist ein Anachronismus!

6 Ohne Toleranz droht der Totalschaden
oder
Warum die wachsende Ungleichheit uns alle angeht

»Der bewusste Unternehmer soll sich nicht in erster
Linie auf den Markt (die wirtschaftliche Ordnung)
oder die politisch-juristische Ordnung berufen,
sondern auf seine persönliche Verantwortung als
Unternehmensführer.«

Wovon sprechen wir, wenn wir »Moral« sagen? Dem spirituellen Lehrer eines meiner Freunde verdanke ich die folgende bemerkenswert einfache Definition: »Moral ist die richtige Verwendung all seiner Möglichkeiten.«

Damit ist alles gesagt. Nicht nur unterscheiden sich die Kriterien für Moral von Mensch zu Mensch, sie sind darüber hinaus auch stark von seinen intellektuellen und finanziellen Möglichkeiten abhängig.

Ist der Kapitalismus moralisch oder unmoralisch?

Stützen wir uns auf den französischen Philosophen und Schriftsteller André Comte-Sponville, dann ist der Kapitalismus als System weder moralisch noch unmoralisch, sondern amoralisch, also jenseits moralischer Kategorien. Oder, etwas polemisch ausgedrückt: Tugendhaftigkeit hat noch nie beim Geldverdienen geholfen.

Nach Sponville bestimmen vier Ordnungskategorien eine Gesellschaft:
– die wirtschaftliche Ordnung,
– die politische und juristische Ordnung,
– die Ordnung der Moral,
– die Ordnung der Liebe.

Die erste und die zweite Kategorie sind unfähig, aus sich selbst heraus Sinn zu erzeugen. Es gibt zahlreiche legale, aber zutiefst unmoralische Einrichtungen, wie das Beispiel von Tyrannen zeigt, die sich die Gesetze nach Gutdünken zurechtbiegen.

Auch die dritte Kategorie, die durch Pflichten und Verbote strukturiert wird, hat für sich genommen wenig Substanz ohne die vierte, denn Moral ist, was man aus Pflichtbewusstsein macht, während es für die höhere Stufe, die Ethik, der Liebe bedarf.

Hier ergibt sich die Verbindung zum bewussten Unternehmer. Er soll sich nicht in erster Linie auf den Markt (die wirtschaftliche Ordnung) oder die politisch-juristische Ordnung berufen, sondern auf seine persönliche Verantwortung als Unternehmensführer. Kann er sich in moralischen Fragen an Pflichten und Verboten orientieren, braucht es eine darüber hinausgehende ethische Haltung, um der Moral insgesamt Sinn zu verleihen.

Ich zähle auf die Moral der Konsumenten. Nicht auf eine Moral, die sich bloß an Pflichten und Verboten orientiert, sondern auf eine Moral, welche die Liebe einbezieht, die Liebe zu unserem Planeten und künftigen Generationen, die jeder Mensch in sich trägt. Wer sich darauf besinnt, fällt richtige, moralische Kaufentscheide.

Wie leicht vergessen oder verdrängen wir, dass wir flüchtige Erscheinungen sind auf dieser Erde. Wir kreisen um uns selber und halten uns für unsterblich, weil der Gedanke an den eigenen Tod so schwer erträglich ist. In diesem Zustand der Verdrängung halten wir auch die Ressourcen für unendlich.

Wir unterscheiden uns aber nicht dadurch von Kindern, dass wir als Erwachsene die absolute Wahrheit kennen, sondern dadurch, dass wir verantwortlich sind für die Folgen unserer Taten. Wenn wir genug Bewusstsein und eine ausreichend starke Verbindung zum inneren Kind in uns haben, werden wir uns verantwortlich fühlen nicht nur für uns selber, sondern auch für die Zukunft unserer Kinder und unserer Enkel. So zu leben, als gebe es kein Morgen, halte ich für zutiefst unmoralisch und lieblos. Es gibt nur Zukunft durch Vernunft – anders geht es nicht. Je besser wir verstehen, dass nichts unendlich ist, weder unser Leben noch die Ressourcen, deren wir uns bedienen, desto eher begreifen wir, dass jeder Kaufakt verantwortungsvoll gefällt sein will und dass wir alle aufgefordert sind, am Abend vor dem Einschlafen unsere Schlafzimmerbuchhaltung nachzuführen.

Dann müssen wir auch weniger mit dem Finger auf andere zeigen, weil wir im Grunde mit uns nicht im Reinen sind. Andere nicht länger beurteilen zu müssen, sondern selber mit gutem Beispiel voranzugehen, ist etwas sehr Befreiendes. Ich habe zum Beispiel Verständnis dafür, wenn Leute mit kleinem Budget keine Biolebensmittel einkaufen und sich nicht den Kopf zerbrechen über Umweltschutz. Aber ich verstehe nicht, warum die vermögendsten Finanzinvestoren der Welt die Performance über alles stellen und nicht wissen wollen, wer für ihre Traumrenditen mit der Gesundheit oder sogar mit dem Leben zahlt. Das ist ebenso unmoralisch, wie wenn Spitzensportler sich mit Doping einen Vorteil gegenüber den Konkurrenten verschaffen. Es ist wichtig, dass wir als Gesellschaft die Macht dieser Menschen limitieren, die einen immensen Einfluss und ein schwach ausgeprägtes Verantwortungsgefühl haben.

Moral ist eine kulturelle Konstruktion. Wir haben uns in den letzten 200 Jahren auf viele sinnvolle Dinge geeinigt – etwa darauf, dass Kinderarbeit verboten gehört und dass Arbeitgeber die Gesundheit ihrer Mitarbeiter nicht aufs Spiel setzen dürfen. Nun befinden wir uns in einer kritischen Phase, in der das Profitdenken moralische Errungenschaften in den Hintergrund zu drängen droht. Es wird zweifellos mehr Reglementierungen geben in den nächsten Jahren, so wie es im Straßenverkehr Geschwindigkeitsbegrenzungen und Ampeln braucht, damit die Sicherheit gewährleistet ist. Ebenso wichtig ist, dass soziale Netzwerke und Nichtregierungsorganisationen ihren Einfluss stärker geltend machen und wirkungsvolle Anreize setzen für moralisches Verhalten.

Denn der Mensch ist in der Lage, weise Entscheidungen zu fällen, wenn man ihm etwas gut erklärt. Ich träume schon länger von einer Bewegung, die dazu führt, dass Menschen, die das sechzigste Lebensjahr erreicht haben und es sich leisten können, zwanzig Prozent ihres Geldes an Menschen zwischen zwanzig und vierzig abgeben. Eine Art Mentoring-Verbindung über die Generationen hinweg, die berücksichtigt, dass wir zwischen zwanzig und vierzig zu wenig Geld und zu wenig Zeit haben, nach sechzig in der Regel von beidem zu viel. Wenn wir uns daran erinnern, dass es kein endloses Wachstum gibt, warum sollen dann die Einnahmen- und Vermögenskurven bis ins hohe Alter ansteigen? Durch mehr Bewusstheit in dieser Frage kann eine Gesellschaft den Zusammenhalt verbessern, toleranter und damit erfolgreicher werden. Das ist aber nur möglich, wenn Einzelne ihre Prägungen relativieren und ihr Ego anders nähren als durch die Mehrung materiellen Erfolgs.

Warum müssen wir andere klein machen, um uns selber größer zu fühlen? Ist es nicht viel wichtiger und befriedigender, in anderen noch unentdecktes Potenzial zu sehen, sie zu begleiten und wachsen zu lassen? Ich bin ein leidenschaftlicher Netzwerker, bringe gern Menschen zusammen, die gemeinsam etwas bewegen können. Ist es nicht der eindrücklichste Beweis von Größe, wenn jemand Menschen um sich versammelt, die intelligenter sind als er? Und was sagt es umgekehrt über Staatspräsidenten und Manager aus, wenn sie vierzehn Stunden pro Tag und mehr eine One-Man-Show abziehen, um fehlende Größe durch Unersetzlichkeit wettzumachen?

Entscheidend ist, dass wir alle zunächst den Blick auf uns selber richten. Wenn wir über andere und ihr unmoralisches Verhalten schimpfen, schwingt darin immer auch eine Aussage über uns selber mit – bekanntlich ärgern wir uns bei anderen vor allem über Dinge, die wir an uns nicht mögen. Wer im Reinen ist mit sich, hat es deshalb einfacher, das Richtige und Gute zu tun. Er hat es nicht nötig, die anderen zu bekämpfen.

Als Kind erhalten wir relativ früh die Quittung von unseren Eltern. Durch Verbote und Anerkennung geben sie uns zu verstehen, was gut, was moralisch ist in ihren Augen. Wir merken instinktiv, was wir tun müssen, um geliebt zu werden. Das Problem ist, dass diese frühe Prägung später zum Korsett werden kann. Weil wir dann immer fleißig sein müssen, immer durch außergewöhnliche Ideen auffallen, immer mehr materiellen Erfolg als andere haben müssen. Eigentlich ginge es um etwas anderes: sich selber lieben zu lernen und andere bedingungslos zu lieben.

7 Weibliche Werte statt männliche Werke
oder
Warum es mehr Kooperation statt Konkurrenz braucht

»Testosteron ist nicht der beste Ratgeber beim Krisen-
management. Die Beratungsgruppe McKinsey hat heraus-
gefunden, dass jene Konzerne, die mehr als zwei Frauen
in ihre Führung berufen, höhere Gewinne und Aktien-
kurssteigerungen erzielen als ihre Konkurrenz.«

André Malraux sagte über unsere Ära: »Das 21. Jahrhundert
wird spirituell sein oder gar nicht stattfinden.« Inzwischen hat
sich gezeigt: Das 21. Jahrhundert wird weiblich geprägt sein
oder nicht gut enden. Der »männliche« Ansatz, der ganz auf
Macht und Beherrschung baut, hat sich in den letzten Jahr-
hunderten überlebt. Es ist Zeit, dass die »weiblichen« Werte
Oberhand gewinnen. Macht ist nur eine Fixierung, ein Ste-
reotyp, das keine echte Bewegung schafft. Nicht nur einzelne
Personen, sondern auch Unternehmen und Gesellschaften
sind entweder stärker weiblich oder mehr männlich geprägt.
Ich denke etwa an all die Unternehmen, die unglaublich
arrogant auftreten und auffällig verschwiegen sind. Ihre Mis-

sion, sofern sie denn eine haben, bleibt für die Allgemeinheit unsichtbar wie ein gepanzertes Schiff, das in Kriegszeiten in der Nacht ohne Licht durchs Meer navigiert. In ihrer grauen Erscheinung sind solche Unternehmen typische Repräsentanten des männlichen Machtstils.

Dann gibt es die vielen kleinen und großen Unternehmen, profitabel oder auch nicht, die sich durch Weltoffenheit auszeichnen, vergleichbar einem Segelboot, das am helllichten Tag auf dem offenem Meer unterwegs ist. In solchen Unternehmen ist der innere Antrieb wichtiger als die Disziplin, die Kreativität entfaltet sich frei, und die Freiheit jedes einzelnen Mitarbeiters ist nur durch den Respekt gegenüber den anderen begrenzt. Solche Unternehmen mögen ziemlich unstrukturiert erscheinen, aber dank einer geteilten Mission und einer klaren Vision, die auch für Außenstehende klar ersichtlich ist, werden sie von einer großen, breit abgestützten Energie getragen – die individuellen Kräfte spielen harmonisch zusammen wie in einem gut abgestimmten Orchester. Die Motivation und die Kreativität sind größer als die Angst vor Fehlern und Kritik.

Verweilen wir einen Moment bei der Angst, diesem destruktiven Gefühl, das in vielen Unternehmen eine zentrale Rolle spielt. Meistens ist es Ignoranz, die dazu führt, dass die Menschen Angst haben, dann verwandelt sich die Angst in Härte und Hass, und der Hass verschafft sich früher oder später Luft in Form von Gewalt. Gewalt jeglicher Art ist am Ende immer Gewalt gegen sich selber.

Ich würde jede Wette eingehen, dass die in den nächsten zehn bis fünfzehn Jahren durch Führungsstärke herausragenden Unternehmen zum größten Teil weibliche Wurzeln haben werden. Sie werden sehr robust sein dank ihrer Beweglichkeit und Anpassungsfähigkeit, geprägt und zusammengehalten von verbindlichen Werten.

Die Unternehmen dagegen, die unbeweglich und starr wie alte Bäume mit verdorrten Stämmen im Wind stehen, werden sich nicht lange behaupten können in stürmischen Zeiten. Sie stehen bloß noch da wie Relikte aus einer vergangenen Zeit, groß geworden durch Ehrgeiz und Machtstreben, erstarrt in ihren nicht mehr zeitgemäßen Strukturen.

Deswegen gilt für Unternehmerinnen und Unternehmer und all jene, die erst auf dem Weg dazu sind, ihr unternehmerisches Potenzial zu realisieren: Lassen wir uns treiben, tanzen wir auf der Welle, statt uns ihr aus Angst vor Verlust entgegenzustemmen. Damit all unsere Bedürfnisse, unsere Verrücktheiten, unsere Ideen sich endlich entfalten können, befreit vom Druck der Autorität und der durch Angst zementierten Disziplin. In dieser Angst vor dem Ausbruch der Freude und Kreativität wurzeln die männlichen Kategorien Macht, Kontrolle, Hierarchie, Kampf und Befehlsgewalt.

Ganz anders gefärbt sind die weiblichen Kategorien: Intuition, Kreativität, Verführung, Empathie, Teilen, Offenheit, Wertschätzung, Verantwortung, Solidarität – sie alle sind nicht Ausdruck von Angst, sondern von Neugier und Mut. Der an weibliche Werte gekoppelte Mut rührt womöglich daher, dass man sich mit einem mütterlichen Instinkt eher traut, sich offen der Realität zu stellen. Für mich ist es nicht nötig, weiter nach Erklärungen zu suchen, ich erlebe die Überlegenheit der weiblichen Werte täglich in meinen Tätigkeiten.

Wenn uns am Überleben unserer Art gelegen ist, sollten wir uns mehr darauf konzentrieren, Neues zu schaffen, als darauf, zu zerstören.

Diese Angst, dieser Stachel, der immer wieder die männlichen Werte anspornt, ist vielleicht die Angst des inneren Kindes, die noch beim erwachsenen Mann eingesperrt ist. Dieser Mann ist mit der falschen Überzeugung unterwegs, dass er nur verlieren kann, dass er immer wachsam und stark sein muss, keine Schwäche, schon gar keine Tränen zeigen darf, dass selbst Lachen eine Schwäche wäre, dass letztlich einer entscheiden muss, oft nicht aus Überzeugung, sondern aus einer Verpflichtung heraus, weil keine Mutter mehr da ist, die für einen sorgt.

Wenn in einer Gesellschaft oder einem Unternehmen solche männlichen Muster mehr Gewicht haben als Offenheit, Intuition und Verantwortung, dann ist das ein Zeichen, dass der falsche Weg eingeschlagen worden ist. Es ist nicht mehr die Zeit für Projekte, die auf die Stärkung des Egos und den persönlichen Erfolg abzielen. Gefragt sind Altruismus, Rücksicht und mütterliche Fürsorge. Wenn wir diesen Werten nicht höchste Priorität einräumen, vernichten wir über kurz oder lang die eigene Lebensgrundlage.

Es ist mir wichtig, zu betonen, dass wir hier nicht von den Männern und den Frauen reden, sondern von männlichen und weiblichen Werten. Es geht nicht ums Geschlecht, sondern um verschiedene Charakterausprägungen. Wir alle haben beide Pole in uns. Natürlich gab und gibt es Männer in den Chefetagen, die diese männlichen Werte extrem verkörpern. Ich beobachte, dass diese Machtmenschen mit teuren Autos, teuren Uhren und Zigarre im Mund an Einfluss verlieren. Erstens sind sie müde geworden vom steten Kampf um Kontrolle und Machterhaltung. Und zweitens merken sie, dass sie ein Reich verteidigen, das in Auflösung begriffen ist. Die alten Machtnetzwerke, die auf Kontrolle, Abhängigkeit und materieller Belohnung beruhten, halten nicht mehr. Sie sind den heutigen Anforderungen nicht gewachsen. Deswegen braucht es Führungspersönlichkeiten, die dank weiblichen Werten neue Modelle und neue Verbindungen schaffen.

Männlich geprägte Diskussionen laufen immer auf Konfrontation und Wettstreit der Kräfte hinaus. Der Bessere soll sich durchsetzen. Männer reden dann gern von Win-win-Situationen – aber gewinnt einer, dann gibt es auch einen Verlierer. Und die Welt ist heute so vernetzt, dass Gewinner und Verlierer immer enger aneinander gekoppelt sind. Wenn sich der Reiche auf Kosten der Armen immer noch reicher macht, dann wird ihn das früher oder später einholen. Das zeigt sich nicht nur bei den Unruhen in den arabischen Staaten, sondern auch in der Wirtschaft, wo manche Konzerne einen hohen Preis gezahlt haben für forciertes Wachstum und Ausbeutung.

Deswegen ist heute die Fähigkeit zur Kooperation so wichtig. Es geht darum, dass Diskussionen einen inhaltlichen Gewinn bringen, nicht einen Sieger und Verlierer. Es ist viel wichtiger, jemanden zu überzeugen, als ihn zu besiegen. Und wenn man sich anstrengt, findet man Wege, dass beide gewinnen, beide ihre Interessen wahren können.

Natürlich braucht es Entscheidungen, und Entscheidungen zu treffen, bedeutet immer, Macht auszuüben. Man kann nicht alles in Kooperation regeln. Die Schauspielerin und Regisseurin Sophie Marceau sagte kürzlich in einem Interview: »Alles, was ich an Frauen schätze, finde ich beim Arbeiten hinderlich. Sie haben Befindlichkeiten, vermischen Privates mit Beruflichem, nehmen alles so persönlich und sind schnell beleidigt. Mit Männern ist es effizienter.«

Da ist etwas Wahres dran. Frauen oder, besser, Menschen, bei denen das weibliche Prinzip stark ausgeprägt ist, vermeiden oft den Konflikt. Es gibt kritische Situationen, in denen es rasche, harte Entscheide braucht, da ist Durchsetzungskraft gefragt. Ich weiß ja selber aus Erfahrung, dass man als Unternehmer und als Chef immer wieder einsame Entscheidungen fällen muss. Mein Verdacht ist einfach: Wir Männer spielen oft und gern die Helden, weil wir dabei unsere Potenz und unsere Macht zeigen können. Wir sind aktiv und kämpferisch, um unsere Position zu verteidigen. Das führt dazu, dass wir manchmal stärker an unser Ego denken als an die Sache.

Es gibt viele Beispiele, die zeigen, dass Frauen auch in männerdominierten Domänen in Krisenzeiten erfolgreich sind. So zeigte eine Studie, dass jene Banken mit höherem Frauenanteil in der Geschäftsleitung besser durch die Turbulenzen gekommen sind als die Konkurrenz, die ganz in Männerhand war. Testosteron ist nicht der beste Ratgeber beim Krisenmanagement. Die Beratungsgruppe McKinsey hat herausgefunden, dass jene Konzerne, die mehr als zwei Frauen in ihre Führung berufen, höhere Gewinne und Aktienkurssteigerungen erzielen als ihre Konkurrenz. Es müsse ein »echtes Unternehmensziel« sein, Frauen wie Männer in die Chefetagen zu bringen, heißt es in ihrer Studie »Women Matter«. Anderenfalls verzichte die Wirtschaft auf eine Hälfte des Genpools und dessen Kreativität. Darum geht es mir. Wir brauchen das Beste von den weiblichen und von den männlichen Werten.

Ich selber habe eine stark ausgeprägte weibliche Seite. Ich funktioniere stark über Beziehungen. Manchmal habe ich das Gefühl, es ist mir wichtiger, mit wem ich etwas mache, als was ich mache. Ich bin ein sehr emotionaler Mensch und habe ein starkes Gerechtigkeitsempfinden. Aber, wenn ich ehrlich bin, dann war es auch immer wieder die Angst, die mich angetrieben hat. Dieser Stachel, der sich hier auf Schulterblatthöhe in den Rückenmuskel bohrt und einen vorwärtstreibt. Es ist immer wieder die Angst, die Erwartungen der anderen nicht zu erfüllen, sie zu enttäuschen, nicht das Beste aus sich herausgeholt zu haben.

8 Linke Hirnhälfte vs. rechte Hirnhälfte
oder
Warum zu viel Nachdenken uns vom Handeln abhält

»Die meisten Menschen denken zu viel. Sie scheuen das Risiko und wägen ab, bis sie ganz müde sind vom ängstlichen Denken. So gesehen, ist der Kopf das gefährlichste Organ des Menschen.«

Menschen, die stark von ihrer linken Gehirnhälfte gesteuert werden, stützen sich bei ihren Entscheidungen hauptsächlich auf Analyse und logische Schlussfolgerung. Sie funktionieren digital und rational, sichern sich mit wissenschaftlichen Theorien und Modellen ab, denken linear und realistisch, immer um logische Ausdrucksweise und Faktentreue bemüht. In ihrer Weltsicht regieren die Fakten, sie gewinnen Sicherheit und Vertrauen aus den Modellen der Mathematik und anderer exakter Wissenschaften. Auf dieser Basis entwerfen sie ihre Strategien, immer auf Nachvollziehbarkeit und Sicherheit bedacht.

Ganz anders jene, bei denen die rechte Gehirnhälfte dominiert. Sie funktionieren hauptsächlich über Bilder, über

Assoziation und Analogie. Sie stürzen sich in die Aktion, bevor sie den Weg ausgemessen und berechnet haben. Sie setzen nicht auf logische Modelle, sondern auf Vergleiche und Metaphern, durch die sie ihre Kreativität und Intuition ausdrücken und vermehren. Während andere sich aufs Lokale, Überschaubare, Kontrollierbare beschränken, möchten Menschen vom Typ rechte Gehirnhälfte die Welt verändern, koste es, was es wolle. Die Emotionen spielen dabei eine Schlüsselrolle. Über das Gefühl finden diese Menschen Zugang zum Leben, Symbole und Bilder haben eine große Anziehungskraft für sie. Aufgrund ihrer Impulsivität gehen sie immer wieder Risiken ein, ohne alle Konsequenzen abgeschätzt zu haben. Sie nähern sich den Dingen durch Handeln – und kommen erst nachträglich zur Beurteilung und Einschätzung.

Unter den Menschen vom Typ rechte Gehirnhälfte finden wir die Kreativen, die Gestalter, unter jenen vom Typ linke Gehirnhälfte die soliden Umsetzer. Die beiden ergänzen sich wunderbar. Hier die Imagination, dort die Realisierung – der eine Teil ist hilflos ohne den anderen. So wie in jedem Menschen beide Fähigkeiten vorhanden sein müssen, braucht es auch in jedem Unternehmen beide Ausprägungen. Dem Unternehmen kommt die wichtige Aufgabe zu, integrierend zu wirken, sprich dafür zu sorgen, dass sich die verschiedenen Strömungen nicht bekämpfen, sondern synergetisch ergänzen – etwa so, wie das Parlament in der Politik dafür sorgt, dass sich Linke und Rechte zu pragmatischen Lösungen zusammenraufen. Es braucht die kreativen Träumer in jedem

Unternehmen ebenso sehr wie die gewissenhaften, exakten Umsetzer.

Ich erinnere mich gut daran, wie ich als junger Student Textilien in einem alten VW-Bus aus Frankreich in die Schweiz transportierte. Meine linke Gehirnhälfte steuerte das Auto, meine rechte Gehirnhälfte träumte und legte so den Grundstein für die Entwicklung von Switcher. Bei mir ist die rechte Hirnhälfte von jeher dominant. Bei der Arbeit an diesem Buch muss ich mich zwingen, mein Denken in geordnete Bahnen zu lenken, auf eine lineare und logische Ausdrucksweise zu achten. Keine leichte Aufgabe für einen, der primär über Bilder und Gefühle funktioniert – aber ein notwendiger Effort, wenn man verstanden werden will. Ohne die Unterstützung durch Mathias wäre das kaum gelungen.

Vor einiger Zeit sagte ich in einem Interview, der Kopf sei das schlimmste Organ des Menschen. Dies hat für einigen Wirbel gesorgt, es gab viele zustimmende Reaktionen, aber auch Proteste. Was ich damit meinte: Die meisten Menschen denken zu viel. Sie scheuen das Risiko und wägen ab, bis sie ganz müde sind vom ängstlichen Denken. So gesehen, ist der Kopf das gefährlichste Organ des Menschen, wie schon Alfred Döblin wusste. Er hindert uns daran, unserem Instinkt zu folgen und aus dem Bauch heraus das Richtige zu tun.

Ich habe nichts gegen sorgfältiges Nachdenken. Das Problem ist die Einseitigkeit. Du kannst nicht dein ganzes Leben nur mit dem Kopf bewältigen, es braucht den ganzen Körper. Das gilt auch fürs Unternehmertum. Es braucht nicht nur den Magen, sprich: die Finanzen, sondern Arme, Beine, Herz und Lunge und vieles mehr. In den letzten Jahren dachten wir: Die Finanzen sind das Wichtigste, wenn Cash-Flow und Rendite stimmen, ist alles gut. Und dann brachte eine starke Magenverstimmung fast das ganze System zum Erliegen.

Ich glaube, wir geben dem Hirn zu viel Gewicht. Es hat die Tendenz, uns zu manipulieren, die Position des Diktators einzunehmen und alle anderen Körperteile zu kontrollieren. Wir haben so viele Steuerinstanzen in unserem Körper: Die Galle gibt uns Signale, der Magen, die Lunge, die Nervenzellen, die Gelenke… Wenn das Hirn die Führungsrolle für sich allein beansprucht und alle anderen Organe unterdrückt, verlieren wir das Gleichgewicht.

Man könnte einwenden, gerade das zeichne doch den Menschen gegenüber allen anderen Lebewesen aus: dass er dank seiner Intelligenz die Lage analysieren und vernünftige Entscheidungen treffen kann. Aber tun wir das denn? Wenn uns das Knie oder der Rücken schmerzt, rät uns die Vernunft, ein Schmerzmittel zu schlucken. Der Körper soll komplikationsfrei funktionieren, eine Art Maschine, die dem Gehirn zudient. Ich glaube, es würde uns guttun, etwas weniger zu denken und dafür mehr zu spüren. Was lernt man bei den großen Yoga-Gurus? Beeindrucken sie uns mit raffinierten Gedankengängen? Nein, wir lernen bei ihnen, den Geist zur Ruhe zu bringen, ganz im Moment und im Körper zu sein, nicht zu denken.

Das Hirn sollte mit dem Körper interagieren, es sollte ihn nicht unterwerfen und diktatorisch führen. Ein König hat zwei Möglichkeiten: Er kann Gutes tun für sein Volk oder sich zum Tyrannen entwickeln, der das Volk ausbluten lässt. Es gibt keinen mittleren Weg. Genauso kann uns das Hirn zum Besten oder zum Schlimmsten befähigen. Wenn wir alles von ihm erwarten und uns übermäßig stark darauf abstützen, wird es uns immer wieder große Probleme bereiten.

Vielleicht ist der Kopf nicht das gefährlichste Organ des Menschen, aber sicher das am schlechtesten genutzte. Sonst wären wir in der Lage, unsere Denkkapazität dafür zu nutzen, ein besseres Leben zu führen. Wir würden nicht hochkomplexe mathematische Modelle für die Finanzindustrie erarbeiten, die uns Sicherheit vorgaukeln, im Ernstfall aber nicht helfen, sondern wir würden es dazu nutzen, verantwortungsbewusster mit unserer Umgebung umzugehen.

Es gibt heute kaum eine größere Beleidigung als die, jemanden als nicht sehr intelligent zu bezeichnen. Das ist verrückt. Es gibt intelligente Menschen ohne jede Empathie, ohne Gewissen, ohne Wärme. Wie viel ist solche Intelligenz wert? Das Hirn kann auch zum Gefängnis werden. Wie viele Intellektuelle perfektionieren ihren elaborierten Dialog? Ihre geistige Brillanz wird zum Selbstzweck, dient allein der Stärkung des Egos.

Was ist solche Brillanz wert, wenn der Körper, die Gemeinschaft, die Herzlichkeit vernachlässigt werden? Daneben gibt es auch die intellektuelle Hyperaktivität. Viele Menschen brauchen heute permanent neue Reize, um nicht auf sich zurückgeworfen, mit der existenziellen Leere, die in uns allen wohnt, konfrontiert zu werden. Ich kenne das auch als Unternehmer. Auch in diesem Kontext besteht die Gefahr, hyperaktiv zu agieren, zu viele Maßnahmen zu treffen, statt das Unbehagen auszuhalten und ihm auf den Grund zu gehen.

Ist Switcher eine intellektuelle Marke? Ja und nein. Nein, weil ich selber stark aus dem Bauch heraus agiere, mich von Emotionen leiten lasse und auch bei anderen Emotionen auslöse. Aber der Ansatz von Switcher war schon früh ein intellektueller, wir unterschieden uns von den vielen Modemarken, indem wir auf ökologische und soziale Verantwortung, Komfort und lange Lebensdauer der Produkte setzten.

Es ist ein Akt der Vernunft, sich nicht jedes Jahr für den neusten Modetrend zu entscheiden, sondern Produkte zu kaufen, die länger halten und weniger schädlich sind für die Umwelt. Unser Problem ist, dass wir vermutlich eine zu intellektuelle und komplizierte Marke geworden sind. Eine Marke muss intuitiv erfasst werden können, sie muss für etwas stehen, etwas auslösen. Deswegen ist es wichtig, dass wir Switcher nun aufs Wesentliche reduzieren, dass die Marke weniger kompliziert wird. Man soll die Kunden fordern, wir zum Beispiel mit unseren ökologischen Ansprüchen, aber man soll sie nicht überfordern, etwa mit einer viel zu breiten Produktepalette oder einer Kommunikation, die so stark ans Gewissen appelliert, dass der Genuss fast auf der Strecke bleibt.

Um eine Firma zu managen, braucht man primär die linke Hirnhälfte, um etwas wirklich Neues zu schaffen, braucht es die Qualitäten der rechten Hirnhälfte. In einem Unternehmen beides lebendig zu halten, ist sehr schwierig. Bei Switcher hing zu Beginn alles von mir ab, ich konnte tun und lassen, was mein Bauch mir sagte. Wenn ein Unternehmen größer wird, kommt unweigerlich die Spezialisierung. Mich hat das immer gestört. Ich habe versucht, alles mit allen zu teilen, damit alle das »big picture« sehen konnten. Man kann aber auch sagen: Es ist nicht effizient, wenn alle von allem etwas wissen.

Meine Erfahrung hat mich gelehrt: Wenn sich lauter Sachverständige auf ihren kleinen Teilbereich beschränken, dann gibt es zwar im Kleinen eine extrem hohe Kompetenz, man wird aber unvernünftig im Großen. Man optimiert alles im Rahmen der alltäglichen Zwänge, sieht aber die großen Gelegenheiten nicht mehr. Ein Unternehmer darf sich nicht immer nur der Realität anpassen, er muss auch einmal aus der Realität aussteigen und über den Ort und den Moment hinausschauen. Das verlangt einen weiten Horizont und die Kunst der Imagination. Es ist die rechte Hirnhälfte, die uns befähigt, etwas zu sehen, was es noch nicht gibt, was man aber vielleicht in die Welt bringen kann. Es ist wichtig, dass in einem Unternehmen mehrere Leute so denken können, ohne Scheuklappen. Umgeben nur von Spezialisten und Realisten, ist das eine sehr einsame Angelegenheit. Es braucht dazu die Erfahrung der Alten und die Kreativität der Jungen, nicht primär die Expertise der Mittelalterlichen.

Unsere Welt wird von den 35- bis 60-Jährigen gesteuert, die mitten im Leben stehen und beide Füße auf dem Boden haben müssen. Ich wünsche mir seit langem eine bessere Durchmischung. So wie Naturvölker die Kraft der Jugend und die Erfahrung der Stammesältesten wertschätzen, sollten auch wir die Träume der Jugendlichen und die Weisheit der Älteren besser nutzen. Stellen wir uns vor, eine Stadt wie Bern, Paris oder Berlin würde nur durch unter 25-Jährige und über 60-Jährige gelenkt. Welche Energie käme da in die Politik, es gäbe viel Innovation und viele Irrtümer, und im Kontrast dazu das Beharrungsvermögen und die Besonnenheit der Älteren.

Vermutlich wäre es keine gute Idee, diesen beiden Altersgruppen die Macht ganz zu überlassen. Aber ich sähe gern ein Viertel ganz Junge und ein Viertel Ältere an der Macht, das würde zu einer ganz anderen Energie und Solidarität führen. Das Hirn ist freier bei den Jungen und den ganz Alten. Sie müssen sich weniger beweisen und weniger um Positionen kämpfen, sie können unbelasteter respektive gelassener zu Werke gehen. Zwischen 25 und 60 ist man am wenigsten frei – und diese Unfreien bestimmen heute die Geschehnisse. Stellen wir uns eine große Demonstration vor, deren Teilnehmer alle unter zwanzig oder über siebzig wären. Ich wette, da gäbe es keine Gewaltprobleme.

Ich nähere mich dem sechzigsten Geburtstag, aber ich bin in vielem ein Kind geblieben. In drei von vier Fällen lasse ich mich vom Bauchgefühl leiten. Wir haben bei Switcher sicher viel mehr Dummheiten gemacht als andere Firmen, dafür sind auch Sachen entstanden, die in anderen Unternehmen nie möglich würden. Oft ist es so: Ich entscheide aus dem Bauch heraus etwas und beschere dem Kopf damit viel Folgearbeit. Kaffee und Tee für Mitarbeiter und Kunden gratis anzubieten, war eine der harmloseren Entscheidungen, das kostet einfach ein wenig Geld. Schon etwas komplizierter war es, als wir entschieden, allen Mitarbeitern einen Beitrag ans Fitnessabo zu zahlen. Was ist mit jenen zwei Dritteln, die das nicht nutzen? Haben die nun Anspruch auf etwas anderes?

Oder unser Sponsoring-Engagement bei Musikfestivals wie »Montreux Jazz«, »Gurten« oder »Paléo«. Das waren Bauchentscheide, die ich innert fünf Minuten gefällt hatte. Es gab kein Marketingbudget dafür und schon gar keine Berechnungen, welchen Nutzen uns diese Investition bringt. Oder vor vielen Jahren in Indien, als mein Geschäftspartner Durai und ich die gemeinsame Produktion mit einem Dorffest feierten und ich in meiner Ansprache verkündete, wir würden hier Schulen eröffnen. Auch das war ein Bauchentscheid, nicht einmal Durai wusste davon, und es gab noch keinen Plan. Wenn man einen stimmigen Entscheid fällt, finden sich immer Wege, ihn dann auch umzusetzen. Untersucht man erst die möglichen Wege im Detail, fällt man den Entscheid womöglich nie.

Ich brauche viele »left brains« in meiner Umgebung, die weniger emotional handeln und durch rationale Umsetzungsarbeit Ruhe und Systematik in das Ganze bringen. Wenn es in einer Firma zu viele Robins hat, dann kommt es nicht gut. Wichtig ist die Balance in der Unternehmung. Switcher war zu Beginn viel zu chaotisch, dann vorübergehend zu starr, zu fest strukturiert, als ich für zwei Jahre raus war aus der Firma.

Ein Unternehmen braucht eine Kultur, die sehr unterschiedliche Charaktere integrieren kann. Wir bestehen zwar alle weitgehend aus denselben Zutaten, aber die Ausprägung ist sehr unterschiedlich. Entscheidend ist, dass ein Mitarbeiter nicht in ein Tätigkeitsprofil gezwängt wird, sondern dass er sich und seine Fähigkeiten am Arbeitsplatz einbringen und entwickeln kann. Die verschiedenen Temperamente oder Charaktereigenschaften sind ja nicht statisch, sie entwickeln sich in Wellenform, mal dominiert dieses, später vielleicht etwas anderes.

Als Unternehmer will ich dafür sorgen, dass die Mitarbeiter viele Facetten ihrer Persönlichkeit entwickeln können, dass sie sich nicht verbiegen müssen. Dadurch werden sie auch für Switcher viel wertvoller. Bevor ich definitiv austreten werde, muss ich klare Richtlinien geben. Klarheit und Struktur bringen Autorität. Was der geniale Gottlieb Duttweiler 1950 für die Migros verfasst hat, bleibt visionär bis heute.

Die meisten Menschen werden mit zunehmendem Alter ruhiger, abgeklärter und vorsichtiger. Ich bin mit 56 Jahren noch immer hyperaktiv und emotional, aber immerhin ein bisschen vernünftiger geworden. Ich höre stark auf mein inneres Kind, das lachen, weinen und außergewöhnliche Dinge erleben will. Viele Gleichaltrige definieren sich enorm stark über das Erreichte. Sie sagen: »Ich bin der, der das alles geschafft hat.« Oder: »Wenn ich endlich in Frühpension bin, werde ich das Leben genießen.« Ich sage mir: Entscheidend ist immer die nächste Viertelstunde. Sie gibt Auskunft darüber, wie es um dich steht. Als ich 25-jährig war, fuhr ich oft lange Strecken in meinem VW-Bus. Es war für mich der beste Ort zum Träumen. Heute bin ich im Flugzeug statt im VW-Bus unterwegs. Aber in meinem Herzen bin ich der Träumer von damals geblieben.

Ich möchte die jungen Menschen berühren und mitreißen, sie ermutigen, nicht einfach eine Nummer zu sein, nicht einfach ein Karriereziel zu verfolgen, sondern Verantwortung zu übernehmen und die Welt ein wenig besser zu machen. Als ich jung war, wollte ich die Leute überzeugen – das hat etwas Aufdringliches, Bedrängendes. Nun möchte ich, dass sie sich berühren lassen. Die neuen Medien eignen sich bestens dafür. Gut gemachte Blogs zum Beispiel können neue Visionen in die Welt bringen. Das Schreiben ist für mich in den letzten Jahren sehr wichtig geworden. Wenn du schreibst, bist du im Pull-Modus, nicht im Push-Modus. Du verteilst etwas und hoffst darauf, dass sich andere davon berühren und in Bewegung setzen lassen. Deshalb ist mir so viel an diesem Buch gelegen, das erst durch stundenlange Gespräche mit Mathias möglich wurde. Es ist nicht mehr die Zeit von Botschaften, es ist die Zeit für gute Gespräche. Hoffentlich wird dieses Buch viele weitere Gespräche anstoßen.

9 Partnerschaft statt Zweckgemeinschaft
oder
Wie wir künftig in Netzwerken arbeiten werden

»Ich glaube aber, wir Menschen können nicht einfach switchen zwischen Privatleben und Berufsleben, wir nehmen uns überallhin mit. Deswegen ist es mir wichtig, dass Gefühle auch im Arbeitsalltag ihren Platz haben.«

Wenn wir uns fragen, welche Formen der Teambildung und Zusammenarbeit sich bewähren, scheint vieles für die Kombination des Komplementären zu sprechen. Zwei Partner, die sich durch unterschiedlich ausgeprägte Stärken ergänzen, passen auf den ersten Blick ähnlich gut zusammen wie zwei gegensätzlich geformte Puzzlestücke. Nicht immer reicht es allerdings aus, komplementär zu sein, sich gut zu ergänzen. Für eine tiefer gehende Partnerschaft – das gilt fürs Berufliche genauso wie fürs Private – braucht es darüber hinaus innere Verbundenheit. Im Französischen sprechen wir von »complicité«, die der »complémentarité« eine zusätzliche Dimension gibt.

Die Natur ist in erster Linie eine Abfolge von Gegensätzlichem, das sich ergänzt: Hitze und Kälte, Tag und Nacht, Trockenheit und Nässe – der stete Wechsel sorgt fürs Gleichgewicht.

Verbundenheit dagegen ist kein natürlicher Zustand, sondern eine Aufgabe. Wir erreichen sie, wenn wir das Stadium der Komplementarität überwinden, indem wir nicht nur Stärken und Schwächen zusammenbringen, sondern eine neue Einheit anstreben. Diese Einheit können wir nicht konstruieren durch die Zusammenführung der richtigen Teile; sie setzt den Mut zu einer anderen, tieferen Form der Beziehung voraus. Im Gegensatz zur komplementären Partnerschaft lässt sich die Verbundenheit nicht steuern, man lebt sie gemeinsam, ist ihr ausgeliefert, im Schönsten wie im Schlimmsten. Im Kern geht es um das Gefühl des Einsseins.

Im Unterschied zur Emotion, die einer spontanen Gefühlsbewegung entspricht, ist das eigentliche Gefühl ein Engagement ohne Möglichkeit zur Umkehr. Stell dir vor, du möchtest dich in einem Schwimmbecken abkühlen. Du kannst über die Treppe ins Wasser steigen, eine Stufe nach der anderen nehmen, dabei das Tempo selber bestimmen und, je nach Emotion, jederzeit umkehren. Wenn du aber vertrauensvoll springst, musst du dich ganz auf dein Gefühl verlassen, denn ein Umkehren auf halbem Weg ist ausgeschlossen. Der Sprung ist immer ein Risiko, weil er totales Engagement bedeutet.

Während das Gefühl träge ist und sich über einen längeren Zeitraum entfaltet, kennen die Emotionen viele Kehrtwendungen. Sie können ausgesprochen flüchtig sein wie ein Kinderlachen, das sich innert Sekunden in Tränen verwandeln kann. Das Gefühl zeichnet sich demgegenüber durch eine Tiefgründigkeit aus, die solch raschen Umschlag verunmöglicht.

So wie wir den Unterschied zwischen flüchtiger Emotion und tiefem Gefühl im Privaten bei uns und in unserem Umfeld beobachten können, zeigt er sich auch in Gesellschaften. In den USA etwa dominiert der emotionale Aspekt, der Kick, die Berauschung. Unser gutes altes Europa dagegen lässt sich eher vom Gefühl (und manchmal auch von Nostalgie) leiten. Das sorgt, im Guten, für mehr Traditionsbewusstsein und Beständigkeit, erschwert aber auch die rasche Anpassung und Neuerfindung.

Die Emotion verhält sich zum Gefühl wie die Komplementarität zur Verbundenheit. Für uns alle stellt sich in dieser Zeit die Frage, was wir anstreben: mehr funktionelle Ergänzung oder mehr innere Verbundenheit? Die Frage stellt sich auch für einen Firmenchef und Unternehmer immer wieder. Viele Konzerne sind so groß und anonym geworden, dass keine innere Verbundenheit mehr möglich ist. Für den Zusammenhalt sorgt funktionelle Komplementarität: Der Arbeitgeber bietet hohen Lohn und gute Jobperspektiven und erwartet dafür hohen Einsatz und Loyalität.

Bei Switcher war das schon immer anders. Wir waren von Anfang an eine sehr emotionale Firma. Für mich ist es wichtig, dass die Mitarbeiter sich mit all ihren Gefühlen einbringen können, dass sie wahrhaftig sind, dass sie sich nicht verstellen müssen und sich selber sein können. Das ist manchmal anstrengend, denn Gefühle brechen immer die Hierarchie auf, sorgen für Unruhe. Es ist der bequemere Weg, Gefühle zur Privatsache zu erklären, die am Arbeitsplatz nichts zu suchen haben.

Ich glaube aber, wir Menschen können nicht einfach switchen zwischen Privatleben und Berufsleben, wir nehmen uns überallhin mit. Deswegen ist es mir wichtig, dass Gefühle auch im Arbeitsalltag ihren Platz haben. Wir sind fürs Zusammenleben in kleinen Gruppen, in Nachbarschaften gemacht, wenn die Verhältnisse anonym und unübersichtlich werden, leiden wir. Um das zu unterstreichen, bin ich mit allen Mitarbeitern per Du. Es ist viel schwieriger, sich respektlos zu behandeln, wenn man per Du ist. Ich behaupte: Viele Entlassungen wären nicht ausgesprochen worden, wenn die verantwortlichen Manager mit den betroffenen Mitarbeitern per Du gewesen wären, sie gekannt hätten. Und wenn sie ihnen die Nachricht persönlich hätten überbringen müssen statt via Personalchef oder Outplacement-Berater. Komplementäre Beziehungen kann man relativ emotionslos aufkündigen, besteht Verbundenheit, trennt man sich nicht ohne weiteres.

Ich selber habe es nie geschafft, zwischen beruflich und privat zu trennen. Seit rund fünfzehn Jahren bin ich mit allen per Du, egal, ob es sich um unseren Hauswart handelt oder um eine Bundesrätin. Duzen stellt Nähe und Gleichheit her, man spricht mehr von Herz zu Herz, Siezen betont die Distanz, das Formelle. Okay, es gibt Ausnahmen, bei Polizisten oder betagten Menschen verzichte ich meistens auf das Du, ich will ja niemanden vor den Kopf stoßen. Natürlich steht und fällt es nicht mit der Anrede. Würden die UBS oder McKinsey eine Duz-Pflicht einführen, wäre das seltsam und unergiebig, weil es nicht zum Unternehmensklima passt.

Wenn aber jemand in Verbundenheit mit seinen Mitarbeitern einer Herzensangelegenheit nachgeht, dann kommt nur das Du infrage. Man ist dann offener, spontaner, besser erreichbar; und signalisiert, dass sich niemand verbiegen muss, dass niemand aus Angst oder taktischem Kalkül etwas darstellen muss, das ihm nicht entspricht. Darunter leiden ja gerade in Großunternehmen so viele: diesem ständigen Rollenspiel, diesem Taktieren, der Bedeutung von Allianzen etc. Ich wäre dazu nicht fähig, weil ich nicht taktieren mag in wichtigen Dingen. Ich habe nicht einmal die Geduld, sorgfältig über die Leiter in ein Schwimmbad zu steigen und bei jedem Schritt zu prüfen, ob die Wassertemperatur angenehm ist. Wer jung ist und das Leben vor sich hat, kann so vorgehen. Mir bleibt nicht mehr so viel Zeit, also springe ich.

Eine meiner wichtigsten Aufgaben ist es, Switcher so zu organisieren, dass es den Mitarbeitern Vergnügen macht, hier zu arbeiten. Nur so entsteht Verbundenheit. Was ist gewonnen, wenn zwar der Profit stimmt, ich aber unsere Mitarbeiter ständig unter Druck setzen muss, damit sie tun, was ich will? Ich möchte, dass jede und jeder sich gemäß seinen Möglichkeiten einbringen kann, dass er am Abend mit einem guten Gefühl nach Hause geht.

Arbeit zu haben, ist wertvoll – wer länger arbeitslos war, weiß das. Ich nehme an, dass die Menschen, die für Switcher arbeiten, grundsätzlich motiviert sind. Also kommt es darauf an, die Arbeit so zu organisieren, dass ihre Motivation nicht zerstört wird – durch unsinnige Auflagen, durch schlechte Stimmung, zu hohen Druck oder einseitig monetäre Anreize. Wichtig ist, dass alle wissen, wohin die Reise geht, welchem größeren Ganzen sie mit ihrem Einsatz dienen. Wenn in einem Unternehmen alle die gleichen Werte teilen, bereitet es Vergnügen, hart für den Erfolg zu arbeiten, und stiftet Verbundenheit, die auch Krisen übersteht.

10 Konsum bis zum Kollaps
oder
Wie die Objekte unsere Gedanken korrumpieren

»*Wir kreisen um Objekte und lassen zu, dass sie unser Leben bestimmen.*«

Unsere Beziehung zu Objekten ist zweischneidig. Seit Beginn des letzten Jahrhunderts wissen wir dank den Entwicklungspsychologen und Psychoanalytikern Freud, Jung, Piaget und Winnicott um die »Permanenz des Objekts«. Im Entwicklungsstadium des Kleinkindes speichern wir Bilder von Objekten ab, und diese Bilder verfestigen sich und bleiben bestehen. Es scheint aber so, als sei uns in der Moderne die Fähigkeit abhandengekommen, das Objekt als etwas Dauerhaftes zu betrachten und zu behandeln. Heute ist es vielmehr so, dass der Besitz eines Gegenstandes augenblicklich das Verlangen nach dem Erwerb eines anderen Gegenstandes nach sich zieht. Der moderne Mensch hat mehr denn je eine krankhafte Beziehung zum Objekt!

Unser Umgang mit Produkten ist zwanghaft. Wir tun so, als wären wir die souveränen Besitzer unserer Objekte; in Tat und Wahrheit ist es oft so, dass diese uns steuern und dominieren. Dass dieser Missstand breite soziale Akzeptanz findet, macht die Sache noch schlimmer.

Der Erwerb von Objekten hat etwas Therapeutisches. Als nach den Anschlägen vom 11. September 2001 ganz Amerika unter Schock stand, rief George W. Bush seiner Nation zu: »Go shopping!« Einkaufen als Sinnbild für die Normalität, zwanghaftes Konsumieren als einziges Rezept gegen diese kollektive Tragödie?

Der zwanghafte Kaufakt ist immer kompensatorisch, er entspringt einem Mangel. Weil er zudem hochgradig individualistisch ist, schwächt er den sozialen und familiären Zusammenhalt. Wer alles kaufen kann, ist ökonomisch nicht mehr auf Beziehungen angewiesen. Wie er mit der daraus resultierenden Isolation fertigwird, ist eine ganz andere Frage. Eine naheliegende Antwort lautet: Er geht shoppen. Wir alle kennen die Bilder von Hollywood-Stars, die mit einem Dutzend Tragtaschen aus ebenso vielen Boutiquen unterwegs sind. In der Regel machen sie keinen sehr glücklichen Eindruck.

Es ist offensichtlich, dass sich der Mensch in unseren Breitengraden im kollektiven Konsumzwang vom Sinn des Lebens entfernt. Konsum ist zur neuen Religion geworden – einer Religion, die ein immenses Verführungspotenzial, aber wenig Sinnstiftung anzubieten hat. Der moderne Mensch versucht, die existenzielle Leere, um die er weiß, durch die trügerische Macht der Kaufkraft zu bekämpfen.

Wir können uns noch so viele Illusionen machen: Wir sind gefangen im Würgegriff des Materialismus und halten die Kaufkraft für unser höchstes Gut. Wie lange wollen wir noch so tun, als wären auch die Armen reich, weil sie ohne weiteres Kredite aufnehmen und sich dank künstlich tief gehaltenen Produktepreisen Dinge kaufen können, die sie sich eigentlich nicht leisten können?

Wir kreisen um Objekte und lassen zu, dass diese unser Leben bestimmen. Je mehr wir unsere Umgebung mit Objekten zupflastern, desto weniger Raum bleibt uns selbst. Wenn alle alles haben, gibt es keinen Tausch mehr, die Menschen tauschen sich nicht mehr aus, sie schotten sich ab.

Der Konsumrausch der Eltern färbt auf die Kinder ab. Sie wünschen sich möglichst viele Sachen – doch wehe, sie bekommen alles, was sie sich wünschen. Dann machen sie die unangenehme Erfahrung, dass jeder einzelne Gegenstand durch das Überangebot an Wert verliert. Im Kinderzimmer wird das Dilemma unserer Gesellschaft offensichtlich: Die Auswahl an Spielsachen ist gigantisch – und dennoch leidet das Kind darunter, dass es nicht weiß, womit es spielen soll. Kein Spielzeug ist ihm wirklich wertvoll.

Wie können wir dieser existenziellen Leere entkommen? Indem wir unseren Handlungen wieder Sinn verleihen und uns wieder als Teil einer Gemeinschaft verstehen.

Dafür muss es uns zunächst gelingen, wieder eine gewisse Souveränität zurückzugewinnen und uns nicht länger von

Objekten terrorisieren zu lassen. Wer weniger den Gegenständen nachrennt, spart nicht nur Geld, er gewinnt vor allem Zeit. Würden unsere Kinder nicht alle Energie fürs Shoppen vergeuden, kämen sie vielleicht auf die Idee, sich ein anderes, besseres Leben zu erfinden, etwas zu unternehmen im eigentlichen Wortsinn. Oft ist es Gedankenlosigkeit, die uns davon abhält, etwas Sinnvolleres zu tun. Shopping ist der sicherste Weg, sich keine Gedanken machen zu müssen.

Ich habe diese Mechanismen in der Textilindustrie in den letzten drei Jahrzehnten sehr genau beobachten können. Deswegen ist es mir so wichtig, die Switcher-Kunden beim Einkaufsprozess zu begleiten. Einerseits indem wir maximale Transparenz und totale Rückverfolgbarkeit anbieten. Zweitens indem wir den Endverbraucher nicht zu sinnlosen Käufen verführen, sondern ihm lieber die subversive Frage stellen: »Brauchst du dieses Produkt wirklich?« Es mag utopisch klingen, Erfolg zu erzielen, indem man die Kunden mitunter vom Kaufen abhält, aber ich hoffe, dass diese Utopie zur Realität der Zukunft wird. Wenn wir den Konsumwahn brechen wollen, müssen wir als Gesellschaft gründlich über die Bücher.

In früheren Gesellschaften war Teilen existenziell für das Überleben, für die Gemeinschaft und für den Fortschritt. Warum schaffen wir nicht neue Formen des Teilens? Es gäbe so viele Gelegenheiten dafür. Teilen wir zum Beispiel die Aufgabe, unsere Kinder in die Schule zu bringen. Oder führen wir etwa das Autoteil-Modell Mobility auf eine nächste Stufe. Machen wir es uns zur Aufgabe, gemeinsam ein Modell zu finden, das uns auf eine höhere Bewusstseins- und Entwicklungsstufe bringt.

Die Schweiz ist unbestritten eines der reichsten Länder der Welt, aber ich zweifle daran, dass die Kinder hier wirklich glücklicher sind als in anderen industrialisierten Ländern, wo die Kaufkraft weniger hoch ist. Die Suizidraten sind in den reichen Ländern jedenfalls nicht tiefer.

Übertriebener Konsum macht das Leben nicht besser. Die Depression scheint vielmehr mit hohem Wohlstand und hoher Kaufkraft einherzugehen. Es ist – überspitzt formuliert – ein Luxus, deprimiert sein zu können. Im Gegensatz zum Armen, der nichts besitzt, trägt der Pseudoreiche, der sich auf Pump vieles kaufen kann, eine schwere Last auf seinen Schultern. Er kauft und kauft und bleibt doch immer hinter seinen Bedürfnissen zurück und hinter dem, was andere haben. Der Homo oeconomicus versucht permanent, sein Budget zu optimieren, ohne je innere Zufriedenheit zu erlangen. Ich glaube, er hat keine guten Perspektiven.

Östliche Religionen lehren, dass die Loslösung vom Objekt eine Quelle von Freiheit und Glück ist, ihre Anhänger streben danach, sich von allem Gegenständlichen zu lösen. Wir im Westen fixieren uns immer stärker auf die Objekte – wo bleibt das Gleichgewicht?

Werden wir wieder Herren in unseren eigenen Häusern! Wie viele Eltern sind überfordert und deprimiert angesichts der Spielsachenflut in den Zimmern ihrer Kinder. Wer ist dafür verantwortlich? Die Kinder? Die Eltern? Die Gesellschaft?

Es ist höchste Zeit, umzudenken. Gefragt ist nicht Konsumverzicht, sondern eine andere Haltung. Kaufen wir weniger, aber besser ein! Teilen wir öfter! Zahlen wir mehr für die Dinge, investieren wir in die Langlebigkeit von Produkten!

Unsere Wirtschaft kann nicht überleben ohne verschiedene Formen des Konsums und ohne Zirkulation des Geldes, das liegt auf der Hand. Aber es ist wichtig, dass wir als Konsumenten unsere Verantwortung besser wahrnehmen, dass wir unser Bewusstsein schärfen für die Frage, was wir kaufen und wie wir kaufen. Sollte ein T-Shirt nicht mehr als eine Saison überdauern? Sollten Früchte nicht weiterhin Saison haben, statt ganzjährig im Angebot zu sein? Wäre Reparieren nicht oft eine gute Alternative zum Wegwerfen und Neu-Kaufen?

Wer Kaufentscheide bewusster fällt, findet wieder Gefallen am Teilen. Dinge zu besitzen, die man kaum braucht, ist eine Belastung. Teilen wir Autos und Wohnräume, rehabilitieren wir die Kleiderbörsen und Bibliotheken! Und wie wäre es, wenn wir dem Nachdenken wieder mehr Wert beimessen würden? Im antiken Griechenland saßen Menschen auf Bänken in Parks und dachten über das Leben, die Herkunft und die Zukunft der Menschheit nach. Die Philosophen in den Gärten Athens haben gemeinsam nachgedacht und gemeinsam die Welt verändert.

Was spricht dagegen, sich wieder vermehrt auf diese archetypische Tätigkeit zu besinnen? Denken wir mehr nach über

die Herausforderungen unserer Tage, über unsere Gesellschaft, unseren Planeten und unsere Art, auf ihm zu leben,
werden wir vernünftig und erwachsen im umfassenden Sinn!
Es ist höchste Zeit, den ersten Schritt zu machen, selber das
zu tun, was wir von den anderen erwarten. Diese Veränderung
ist nicht nur möglich, sondern eminent wichtig und dringlich,
sofern uns an einem Weiterbestehen der Menschheit über
unsere Generation und die unserer Kinder hinaus gelegen
ist. Dann können wir nämlich nicht länger so weiterleben,
als hätten wir zehn oder zwanzig Planeten zur Verfügung.
Die Hindus nennen die Erde »Mutter«, sie wissen um ihre
nährende Rolle.

Die Psychose unserer westlichen Gesellschaft rührt daher,
dass wir den eingeschlagenen Weg weitergehen, obwohl wir
wissen, dass er falsch ist. Wir können das Steuer nur her-
umreißen, wenn wir als Individuen und als Gesellschaft die
richtigen Entscheidungen fällen. Wir sollten uns dabei vom
Respekt vor natürlichen Ressourcen leiten lassen, das heißt
von ökologischen statt egoistisch-ökonomischen Kriterien.
Wenn wir unseren Egoismus und unsere Egozentrik ein wenig
eindämmen, werden wir frei für ein verantwortungsvolleres
Verhalten.

Zu viele schöne Worte? Machen wir das Ganze konkreter!

Aus kommerziellem Blickwinkel sollten die Objekte, die
wir produzieren oder konsumieren, das Resultat eines sorgfäl-
tigen Denkprozesses sein. Zu viele Objekte stören nicht nur

die Umwelt, sondern auch unsere Gedanken. Der pausenlose unkritische Wettlauf um die Kreation neuer Objekte symbolisiert perfekt unsere materialistische Gesellschaft, in der Aktion mehr Gewicht hat als Reflexion. Als Folge davon ertrinkt der Konsument in einer Flut aus Objekten.

Als Unternehmer habe ich kein Interesse daran, meine Kunden zu ertränken. Das Switcher-Wahrzeichen, der Walfisch, ist zwar im Wasser zu finden, es steht aber nicht für die Konsumwelle, sondern für Balance und Respekt. Das bedeutet für mich auch, dass wir ein leichtes Schrumpfen der Wirtschaft in Kauf nehmen müssen, wenn wir ein gesundes Wachstum anpeilen wollen. Wir müssen den berühmten Schritt zurück machen, um dann zwei Schritte vorwärtszukommen.

Steigern wir den Nutzwert der Produkte, kaufen wir weniger, aber intelligenter! Respektieren wir die Bedürfnisse unseres Planeten ebenso sehr wie unsere eigenen, und verlassen wir diesen Teufelskreis des »Immer mehr!«.

Davon wird nicht nur die Umwelt profitieren, sondern auch unsere Nerven werden geschont. Die Flut an Produkten, die täglich hergestellt werden, obwohl viele davon keinem Bedürfnis entsprechen, schreit nämlich nach Absatz. Am Straßenrand, im Fernsehen, in den Läden, im Bus und auf dem Mobiltelefon kämpfen Werbebotschaften um unsere Aufmerksamkeit, versuchen uns Produzenten und Händler zu überzeugen, etwas zu kaufen, was wir nicht brauchen. Ein Unternehmen, das seine Kunden für dessen Kaufentscheidungen sensibilisiert und ihm dadurch dient, schafft eine

Verbundenheit, die stärker ist als jedes aggressive Marketing. Das Budget der Kunden ist immer limitiert, ihre Fähigkeit, nachzudenken, ist es nicht.

Früher stand ein Objekt für die Summe der Arbeit, die erforderlich war, um es herzustellen. Es gab einen engen Zusammenhang zwischen dem Preis und den Anstrengungen, die hineingesteckt worden waren. Der Wert hing stark von diesem Aufwand ab. Heute sind Objekte eher wie Haken an einer Angelrute. Sie dienen dazu, Konsumenten zu angeln und an ein Unternehmen zu binden. Deutlich zeigt sich das bei den Handys und Smartphones. Da wird gar nicht mehr das Objekt bezahlt, sondern man bekommt ein teures Gerät geschenkt, damit man sich vertraglich an ein Telekommunikationsunternehmen binden lässt. Das mag Marketing-technisch clever sein, psychologisch ist es verheerend. Speziell junge Menschen haben kein Gefühl für den Wert eines Handys. Wenn es spätestens nach zwei Jahren gratis ein neues Gerät gibt, ist jeder blöd, der das alte nicht nach kurzer Zeit wegschmeißt. Dieses künstlich geschaffene Bedürfnis, nach ein, zwei Jahren ein neues Gerät zu bekommen, führt zu einem gigantischen Ressourcenverschleiß.

Natürlich kann man von den Unternehmen nicht verlangen, dass sie fünf Jahre lang das gleiche Gerät verkaufen; dafür entwickelt sich die Technologie viel zu schnell. Nichts gegen den intensiven Wettbewerb und die Innovationskraft in der Telekommunikationsbranche, aber ich finde es falsch, dass man die Geräte praktisch gratis abgibt. Das sendet einfach falsche Signale aus. Man kann ja auch 100 oder 200 Franken verlangen und eine Gutschrift aufs Abo machen. Und man kann sich schon fragen: Ist es normal, dass wir ein Jahr nach dem Kauf eines iPhones schon nicht mehr à jour sind, weil bereits das neue Modell da ist? Ich persönlich finde: Objekte brauchen wieder mehr Sinn und Legitimation. Denn ihre Herstellung verlangt nicht nur Arbeitskraft, sondern auch viele beschränkte Ressourcen wie Strom, Wasser, Erdöl und Metalle. Deswegen interessiere ich mich nicht nur für den Preis und das Design eines Objekts, sondern auch für seine Ökobilanz. Leider gibt es da einen teuflischen Zusammenhang: Je billiger die Sachen sind, desto verheerender ist oft die Ökobilanz.

Nehmen wir zum Beispiel das viele Einweggeschirr. Wir sind ja heute zu gehetzt, um unser Mittagessen oder unseren Kaffee dort zu konsumieren, wo die Dinge zubereitet werden. Wir wollen die Dinge »ready to go«. So wurden Teller und Tasse – früher wertvolle Objekte aus Porzellan – entwertet und zu einem billigen Wegwerfgegenstand. All die Sachen kosten nichts für mich als Konsument, aber als Gesellschaft zahlen wir wegen des x-fach höheren Energieaufwands für Herstellung und Entsorgung einen hohen Preis.

Wenn das Shoppen ein therapeutischer Akt ist, drängt sich die Frage auf, welche Krankheit wir damit eigentlich zu therapieren versuchen. Vermutlich ist es eine Mischung aus Vereinzelung, Überforderung und Sinn-Vakuum. Im gleichen

Maß, wie in den Städten die sozialen Beziehungen abnehmen, nehmen die neurotischen Beziehungen zu Objekten zu. Einkaufen ist zu einer Art Ersatzreligion geworden, wobei der Kaufakt viel wichtiger ist als das Objekt, das wir erwerben. Der Kaufakt gibt uns das Gefühl von Macht und Sicherheit, er zerstreut unsere Ängste. Es gilt nicht mehr »cogito, ergo sum« (»ich denke, also bin ich«), sondern: »Ich shoppe, also bin ich.« Ich habe die Prominenten erwähnt, die mit x Taschen aus ebenso vielen verschiedenen Boutiquen durch die Straßen spazieren. Die würden es gar nicht mehr merken, wenn sie drei Taschen im Café stehen ließen. Und sie können am Ende des Tages unmöglich sagen, was sie alles gekauft haben. Weil es ihnen nicht um die Objekte geht, sondern um die Linderung ihrer Konsumneurose.

Ich will nicht so weit gehen, jeden, der am Samstagnachmittag durch die Läden streift, als krank zu bezeichnen. Aber für viele, gerade für Jugendliche, ist dieses Shoppen zum rettenden Anker geworden. Der Einkauf hat ähnlich rituellen Charakter wie früher der Kirchgang am Sonntag oder der Besuch des Fußball-Matches.

Vielleicht sind Kaufhäuser die neuen Kirchen. Man spricht ja nicht zufällig von Konsumtempeln. Mich schockiert es seit dreißig Jahren, wie wir alle spätestens ab Mitte November auf Bekämpfung unseres schlechten Gewissens durch Konsum getrimmt werden. Es gibt kaum etwas Trostloseres als diese westliche Weihnachts-Marketingmaschinerie. Schon im normalen Ausverkauf mit all den »Soldes«- beziehungsweise »Sale«-Schildern zeigt sich die Konsumneurose und der ganze Objektmüll in abschreckender Weise, aber der Vorweihnachtskonsumterror, das ist der Gipfel der Neurose. Am besten verkauft sich, was man am wenigsten braucht: Parfüms, Kugelschreiber, Schokolade. Leute ohne Ideen und ohne Zeit versuchen, sich vom schlechten Gewissen freizukaufen und dabei nicht allzu viel falsch zu machen. Je unsicherer sie sind, desto mehr Geld geben sie aus. Und dann denken sie noch, viel Geld auszugeben, sei ein Zeichen von Wertschätzung für den Beschenkten.

Für mich ist maßgebend, wie viel Zeit und Gedanken ich in ein Geschenk investiere, nicht, wie viel es kostet. Wenn ich auf dem Flohmarkt in Annecy nach einem ganz bestimmten Gegenstand suche, weil ich weiß, dass jemand sich sehr darüber freuen würde, ist das doch mehr wert als ein beiläufig gekaufter Luxuskugelschreiber. Warum berühren uns Kinderzeichnungen und Briefe mehr als teure Geschenke? Weil sie in der Regel von Herzen kommen. Da unsere Gesellschaft aber mangels Beziehungen immer objektabhängiger wird, tut sie sich unglaublich schwer mit Schenken. Die Objekte, die wir kaufen und schenken, sollen kaschieren, was an Beziehung nicht mehr vorhanden ist.

Ich finde es wunderbar, dass die Läden mehrheitlich geschlossen haben am Sonntag und wir dann nicht irgendwelchen Objekten hinterherrennen müssen, sondern uns Zeit nehmen können für Freundschaften, für Bewegung, fürs Nachdenken. Ich glaube wirklich, dass wir uns von den Objekten terrorisieren lassen.

Es ist wie ein Kampf zweier Boxer: der Mensch und die Objekte. Früher waren die beiden auf Augenhöhe, aber heute gibt es so unendlich viele Objekte, die so laut und aggressiv sind, dass der Mensch fast keine Chance mehr hat, diesen Kampf zu gewinnen. Die Produkte sind so billig geworden, dass sie sich exponentiell vermehren. Sie rauben uns nicht nur die Ruhe, sondern sie separieren uns auch. Je mehr Raum von den Objekten besetzt ist, je mehr Zeit wir für die Jagd nach Objekten aufwenden, desto weniger Raum und Zeit bleibt für uns und für Beziehungen mit Tiefgang.

Okay, wir haben hundert oder sogar tausend Facebook-Freunde, aber das meine ich nicht, wenn ich von Beziehungen spreche. Die Jugendlichen heute sind enorm beschäftigt, sie haben Bildungs-, Konsum- und Kommunikationsstress, aber ich weiß nicht, ob sie noch die Zeit haben, gründlich nach-zudenken, Dinge zu teilen, gemeinsam Projekte zu lancieren. Moderne Kommunikationsmittel wie Tablets und Smart-phones sind fantastisch, wenn es darum geht, sich zu informie-ren, sich zu verknüpfen, virtuelle Netzwerke zu bilden. Aber sie sind alle relativ wertlos, wenn wir keine Zeit mehr haben für andere Beziehungen.

Wenn wir nur noch in rascher Folge Reize konsumieren, unser Leben abfüllen mit Objekten und Informationen, dann werden wir zu Konsumjunkies und verlieren die wichtigen Dinge und uns selber aus den Augen. Ich will nicht die Zeit zurückdrehen, man kann diese Entwicklung nicht aufhalten, aber wir sollten sehr wachsam sein und genau hinschauen, was mit uns und unseren Beziehungen passiert.

Ich will mit Switcher nicht zu dieser Überproduktion und Konsumwut beitragen, die unsere Beziehungen ruinieren. Unser Ziel ist nicht, dass die Kundschaft ein Maximum kauft, ich möchte vielmehr, dass möglichst viele Leute gelegentlich Switcher-Produkte kaufen und unsere Vision von verantwortungsvollem Umgang mit den Ressourcen teilen. Switcher war von Anfang an so positioniert, dass wir kein neumodisches Zeugs machen. Sicher, altmodisch dürfen die Produkte auch nicht sein, aber es sind in erster Linie funktionelle, komfortable Kleider für den Alltagsgebrauch; nichts Extravagantes, für das man sich in einem halben Jahr schon schämen muss, weil es nicht mehr »en vogue« ist.

Einen Trend zu treffen, hat für uns nicht Priorität. Natürlich soll es Spaß machen, Switcher zu tragen; dazu gehören schöne Farben und gute Schnitte. Aber im Zentrum steht die Nachhaltigkeit. Will man auf einen Berg, dann kann man einen Hubschrauber mieten, die Gondelbahn benutzen oder den Berg erwandern. Der Hubschrauber bietet am meisten Nervenkitzel und Spektakel, die Gondelbahn bringt einen schnell auf bequeme Art hoch, das Wandern dagegen erlaubt es, den Berg näher zu erleben und mit besserem Gewissen oben anzukommen. Switcher steht nicht für Spektakel und nicht für Tempo, sondern für das Erlebnis und das gute Gefühl beim Wandern. Wandern befreit den Geist. Switcher zu kaufen und zu tragen, soll ihn ebenfalls befreien.

Ich möchte, dass die Switcher-Produkte die besten Freunde im Kleiderschrank sind. Weil eine Beziehung zu ihnen besteht und es einem wohl ist mit ihnen. Bei Switcher gibt es eine enge Verbindung zwischen der Qualität der Produkte und der Lebensqualität der Menschen, die diese hergestellt und transportiert haben.

Ich habe nichts dagegen, dass manche Kunden im Laden nach den großen bekannten Marken fragen, die ihnen ein bisschen Glamour versprechen. Es geht mir nicht darum, dass niemand mehr diese Marken kauft. Wichtig ist mir, dass die Leute nachvollziehen können, ob bei einer Marke der Preis oder das Design oder der Komfort oder die Nachhaltigkeit oberste Priorität hat. Ich glaube, die Sensibilisierung nimmt zu. Immer mehr Menschen ist es etwas wert, bei einem Kauf ein rundum gutes Gefühl zu haben. Sie wollen nicht dazu beitragen, dass einzelne Glieder in einer Produktionskette ausgenützt werden.

Es gibt vermehrt diese Sinnsuche – auch bei den Kaufentscheiden. Wenn mit dem Kaufpreis nicht nur einfach die Arbeit abgegolten, sondern noch dafür gesorgt wird, dass Gutes getan wird, dann gibt das ein doppelt gutes Gefühl. In immer mehr Produktekategorien haben wir die Wahl: bei den Autos, beim Wasser, beim Tee und Kaffee, bei den Textilien... Unternehmen, die sich starkmachen für die Verbesserung der Lebensumstände ihrer Lieferanten, haben gute

Perspektiven. Denn Kunden profilieren sich zunehmend gern damit, dass sie verantwortungsvoll einkaufen und handeln.

Oft höre ich, dass die große Mehrheit der Kunden nicht an Dinge wie Nachhaltigkeit oder Fairness denkt, wenn der Preis und der Look eines Produkts verführerisch genug sind. Ich bin nicht sicher, ob das stimmt. Vielleicht waren die fortschrittlichen Unternehmen bis jetzt einfach nicht gut genug darin, ihr soziales Engagement zu kommunizieren. Es ist eine Gratwanderung. Man darf nicht moralisieren, nicht arrogant wirken, nicht so, als wollte man die Kunden erziehen. Aber man sollte schon herausstreichen, was das eigene Unternehmen gegenüber der Konkurrenz auszeichnet. Die Argumentation über den Preis ist einfach. Mit Werten zu argumentieren, ist schwieriger, aber auch spannender.

Wer hier smart kommuniziert, ohne aufdringlich oder belehrend zu sein, hat gute Chancen, viele Kunden zu erreichen und ihr Bewusstsein für die sogenannt weichen Faktoren anzusprechen. Denn in Sachen Qualität werden sich die Produkte immer ähnlicher, und eine Positionierung über den günstigsten Preis ist riskant, weil immer mehr potenzielle Käufer nicht länger bereit sind, billige Produkte zu kaufen, wenn sie nichts über deren Entstehungsbedingungen erfahren.

Auf lange Sicht zahlt sich der Soft-Marketing-Ansatz aus, der die Geschichte des Unternehmens und der einzelnen Produkte glaubwürdig erzählt. Es ist keine gute Strategie, die großen Konzerne zu beschimpfen, die dank aggressiver

Preisgestaltung und Produktmarketing Profit machen. Jedes Unternehmen hat es in der Hand, auf smarte Art und Weise die eigene Geschichte zu erzählen und die anspruchsvolle Kundschaft zu überzeugen.

Eine meiner wichtigsten Aufgaben in den nächsten Jahren wird sein, mich weniger ums Tagesgeschäft zu kümmern und mehr darum, diese Geschichte zu erzählen. Denn die Leute kaufen erfahrungsgemäß keine Produkte, sondern Geschichten. Harley Davidson hat das auf den Punkt gebracht mit der Aussage, die Firma verkaufe keine Motorräder, sondern Träume. So ist es auch in der Mode.

Die Marke Ralph Lauren etwa steht für einen ganz eigenen Lifestyle, ihr Begründer ist mehr Künstler und Schauspieler als Unternehmer. Armani steht für die Reinheit des Designs, Gucci für funkelnden Luxus, Levi's für das Cowboy-Feeling. Switcher soll für das Smart-Basic-Angebot stehen und darüber hinaus für einen kleinen Beitrag zu einer besseren Welt. Wir müssen alles schärfen, die Produktepalette, die Aktivitäten, die Kommunikation. Die Geschichte muss so glasklar werden, dass jeder sie versteht.

Journalisten und Unternehmer fragen mich immer: »Ist es kompliziert und teuer, ein System der Rückverfolgbarkeit zu installieren?« Ich antworte jeweils: »Nein, das Problem ist nicht, so etwas einzuführen, die große Herausforderung ist, es so zu kommunizieren, dass die Kunden es erfahren und verstehen.« Wir machen hier quasi einen kleinen Studiofilm und kämpfen gegen Blockbuster-Konkurrenz – da muss die Botschaft schon sehr klar sein, dass sie ankommt.

Wir haben uns zeitweise zu sehr verzettelt. Das verwässert das Konzept. Bei den ganz großen Marken sind es immer nur einige wenige Produkte, die die Wahrnehmung dieses Brands prägen. Deshalb wäre das höchste Ziel für Switcher: ein T-Shirt, ein Sweatshirt, ein Poloshirt, ein Polar-Fleece, ein Trainer, eine Jacke – that's it. Es braucht diese essenziellen Produkte, die zum Inbegriff einer Marke werden.

Alle kennen die Levi's-Jeans 501 und das Lacoste-Poloshirt. Wenn das Markenprofil scharf genug ist, kann man die Geschichte viel besser erzählen. Aber es ist immer verführerisch, eine große Palette zu produzieren. Irgendetwas davon verkauft sich immer. Ich glaube, wir schulden dem Kunden heute wieder Überschaubarkeit und Einfachheit. Was gibt es Schlimmeres, als wenn einer, der zu Hause 300 Paar Schuhe hat, durch einen Laden läuft, wo weitere tausend Paar ausgestellt sind? Vor dreißig Jahren, als ich Switcher gründete, hatte man ein Paar Stiefel, und man wusste genau, wofür. Switcher soll gute und faire Basisprodukte herstellen, die man kauft, wie man früher ein paar Schuhe oder einen Mantel gekauft hat: weil man sie braucht.

Deswegen sage ich ab und zu, Switcher suche keine Kunden, sondern Fans. Oder Switcher sei nicht nur ein Textil-, sondern auch ein Ethikunternehmen. Switcher ist keine aufpolierte Marke, sondern steht mit seinem Konzept für ein Versprechen: gute und bequeme Textilien für clevere Konsumenten, die Verantwortung tragen. Was ist denn ein Fan? Jemand, der emotional so an einer Marke hängt, dass ihm etwas fehlen würde, wenn es diese Marke nicht mehr gäbe. Einer, der sich so mit der Marke identifiziert, dass er sich einmischt, wenn das Unternehmen in seinen Augen etwas Falsches macht. Fans sind sehr fordernd, man kennt das vom Fußball, man kennt es aber auch von Unternehmen wie Apple. Es gibt ja nicht nur die Apple-Jünger, die bei Gerätelancierungen aus Euphorie vor den Shops übernachten, sondern auch die Fans, die vor den Läden campieren, um ein »ethisches« iPhone zu fordern. Fans, die das Produkt lieben und daraus Forderungen ableiten. Das ist eine interessante Entwicklung, ganz nach dem Motto »Consumers will become voters«. Früher gingen nur externe Aktivisten auf diese Art vor, jetzt markieren Stammkunden so Position, erheben ihre Stimme und beeinflussen damit die Unternehmen.

Wenn ich von Fans rede, dann meine ich Kunden, die sich mehr Fragen stellen als die nach Preis und Mode; Kunden, die im Reinen sein wollen mit ihren Kaufentscheiden. Darum geht es doch. Auch mir. Das hat übrigens nichts mit Selbstlosigkeit zu tun, in gewisser Weise ist es sogar ein Egotrip.

Letztlich geht es mir nämlich nicht in erster Linie um Kleider oder um Umsatz und Gewinn, sondern darum, dass ich am Abend mit einem guten Gefühl einschlafen kann. Wenn wir uns vorstellen, unser Leben spiele sich in 24 Stunden ab, dann ist es bei mir schon mindestens 17 Uhr. Wie frustrierend wäre das, wenn ich mir eingestehen müsste, dass ich den ganzen Tag nichts anderes gemacht habe, als Shirts zu verkaufen? Gut, ich habe einige Jobs geschaffen. Aber es genügt mir nicht, dass ein paar Leute in Indien, Portugal und Lausanne und in den Verkaufsstellen einen Job haben. Ich möchte, dass sie eine Geschichte über Switcher erzählen können, auf die sie stolz sind. Dann ergibt es doppelt Sinn.

Die Switcher-Geschichte

1981   Robin Cornelius, Student der Wirtschafts-
       und Politikwissenschaften, lanciert die Marke
       Switcher. Sie steht für weite und bequeme,
       einfarbige Poloshirts ohne Schriftzüge.
       Die erste Kollektion umfasst nur zwei Modelle:
       ein T-Shirt und ein Sweatshirt.

1987   Beginn der Zusammenarbeit mit dem indischen
       Lieferanten Prem Group.

1991   Stärkere Berücksichtigung sozialer und ökologi-
       scher Belange in einer Zeit großer geschichtlicher
       Umwälzungen. Damals kommt es zu einer starken
       Beschleunigung des Globalisierungsprozesses
       und besonders in der Textilindustrie zur vermehrten
       Auslagerung von Produktionsstandorten in Ent-
       wicklungsländer mit allem, was dies an ungerech-
       ten und schwierigen Arbeitsbedingungen mit sich
       bringt.

1998 Veröffentlichung des Switcher-Verhaltenskodexes
für die Lieferanten von Textilerzeugnissen, was zu
dieser Zeit eine Pionierarbeit war.

2001 Beginn der europäischen Expansion von Switcher.

2002 Der »Corporate Conscience Award« für die beste
Umsetzung des Verhaltenskodexes wird an
die Firma Switcher und die Prem Group in Indien
verliehen.

2004 Aufbau der Stiftung Switcher.

2005 Start einer hundertprozentigen Biokollektion
aus fairem Handel unter dem Label Max Havelaar.
Robin Cornelius wird Unternehmer des Jahres
(Preis der Firma Ernst & Young).

2006 Einführung der Website www.respect-code.org,
die die ganze Produktion rückverfolgbar macht.
Bis heute wurden über dreißig Millionen Respect-
Code-Etiketten in Switcher-Textilien eingenäht.

2010 Robin Cornelius verkauft 51 Prozent seiner Anteile
an die Prem Group in Indien, Industriepartner von
Switcher seit fast drei Jahrzehnten.

2013 Switcher kommt zu seinen Ursprüngen zurück und produziert wieder verstärkt in Europa. Die Vorteile liegen auf der Hand: weniger Transportkosten, kürzere Lieferzeiten, geringere Mindestabnahmemenge, flexiblere Produktion.

Switcher in Zahlen

2012 gesamt **3,9 Millionen** verkaufte Artikel

Verkaufte Artikel nach Familien (in %)

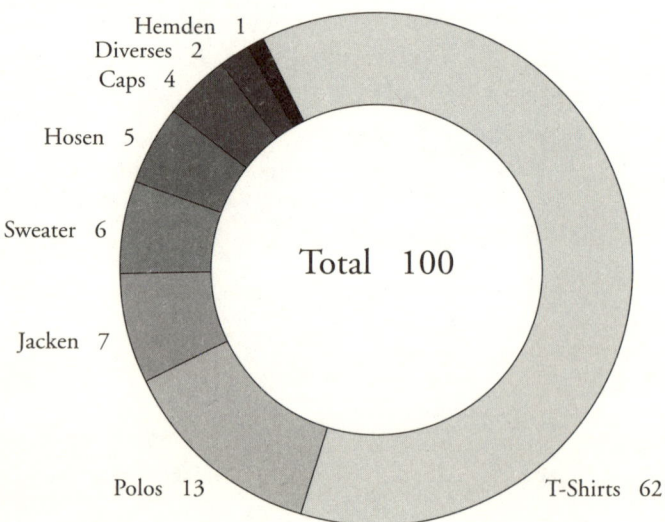

Hemden 1
Diverses 2
Caps 4
Hosen 5
Sweater 6
Jacken 7
Total 100
Polos 13
T-Shirts 62

30   Millionen verkaufte Artikel mit einem
        Rückverfolgbarkeitsetikett seit 2006.

100 %   der Modelle sind rückverfolgbar.

100 %   der Modelle sind mit den Normen
        Oeko-Tex 100 und Reach konform.

100 %   der Modelle: genaue Kalkulation der
        Auswirkungen auf CO_2 und Wasser.

47,3 % der Polyesterartikel sind aus rezykliertem PET.

28,4 % der Baumwollartikel sind aus Biobaumwolle.

Anstelle einer Biografie

Robin Cornelius hat noch nie ein seinem Leben ein Curriculum Vitae verfassen müssen – seine Motivation, das Versäumte im Hinblick auf die Buchpublikation nachzuholen, war eher bescheiden.

Überliefert ist immerhin, dass Robin Cornelius am 25. September 1956 in Stockholm geboren worden ist und später in Lausanne zur Schule ging. Die Namen der öffentlichen Schulen und Internate, von denen er wegen seiner Unbelehrbarkeit geflogen ist, waren nicht mehr lückenlos zu rekonstruieren. Es folgten Studien der Wirtschafts- und Politikwissenschaften und ein erster Job als nächtlicher Taxifahrer, den er alsbald gegen den des Textilunternehmers eintauschte. Mehr ist über seine Vergangenheit nicht in Erfahrung zu bringen – Sie erinnern sich: Es sind ja die nächsten fünfzehn Minuten, die zählen ...

Merci!

Ich lernte Mathias Morgenthaler an einer Unternehmer-
tagung im KKL Luzern kennen. Nach dieser ersten Begegnung las ich sein Buch »Beruf und Berufung«: 76 Interviews,
76 unverwechselbare Geschichten. Mathias hat immer wieder
die unterschiedlichsten Persönlichkeiten zum Gespräch einge-
laden. Sie reden mit ihm über ihr Leben, ihre Passion, ihren
inneren Antrieb, ihre Träume – und vertrauen ihm überdurchschnittlich viel an. Mathias strukturiert das Gesagte,
bringt es in eine Form, die maximale Resonanz erzeugt.

In den vergangenen zwei Jahren haben wir uns regelmäßig
in Restaurants und Parks in Bern und Lausanne getroffen,
um in vielen Gesprächen die Grundlage für dieses Buch zu
schaffen. Mathias ist dabei in meine Welt eingetreten, hat
den Zugang gefunden zu meiner Art, zu denken, zu meinen Ängsten und meinen Erfolgen. Er ging behutsam ans
Werk, erfasste rasch das Wesentliche und behielt immer eine
kritische Distanz, die den guten Sparringpartner auszeichnet. Unsere Arbeit war von gegenseitigem Vertrauen geprägt.
Ich möchte mich hier für diese wunderbare gemeinsame Reise
herzlich bedanken!

Robin Cornelius

Folgen Sie Robin Cornelius auf Twitter:
@robinBcornelius

Die Wörterseh-Bestseller

Der Punkt auf den einzelnen Büchern steht für den höchsten Rang, den der entsprechende Titel auf der Schweizer Bestseller-Liste erreicht hat.